菏泽学院校园植物图谱

◎ 王娟　编著

吉林人民出版社

图书在版编目 (CIP) 数据

菏泽学院校园植物图谱 / 王娟编著 . -- 长春 : 吉
林人民出版社 , 2021.3
ISBN 978-7-206-17954-9

Ⅰ . ①菏… Ⅱ . ①王… Ⅲ . ①菏泽学院 – 植物 – 图谱
Ⅳ . ① Q948.525.23–64

中国版本图书馆 CIP 数据核字 (2021) 第 048979 号

菏泽学院校园植物图谱

HEZE XUEYUAN XIAOYUAN ZHIWU TUPU

编　　著：王　娟
责任编辑：赵梁爽　　　　　　　　　　封面设计：金　莹
吉林人民出版社出版 发行（长春市人民大街 7548 号）　邮政编码：130022
印　　刷：定州启航印刷有限公司
开　　本：710mm×1000mm　　1/16
印　　张：11.75　　　　　　　　　　字　　数：200 千字
标准书号：ISBN 978-7-206-17954-9
版　　次：2021 年 3 月第 1 版　　　　印　　次：2021 年 3 月第 1 次印刷
定　　价：65.00 元

序

　　据统计，全国 1000 多所本科高校中，以花的形象作为校徽的有 5 所，其中以牡丹为校徽主图案的只有菏泽学院。菏泽学院不仅把牡丹花镌刻在校徽上，还把牡丹花和各种花草树木栽种在校园的各个角落，把校园装扮得如花园一般美丽。

　　花重山水绿，风清鸟惊人，不知春来去，四时景不同。菏泽学院花开四季不断，但最美的日子在四月，也是牡丹花盛开的季节。娇艳动人的海棠争先恐后，纯洁幽然的玉兰恬静开放，娇羞的桃花遮遮掩掩，国色天香的牡丹争奇斗艳……嫩绿的枝芽、盛开的鲜花把整个校园装扮得分外妖娆。花丛中，绿荫下，菏院学子们享受着校园美景，花香作伴好读书，追逐梦想正当时。

　　母校是在每个人感知最敏锐的阶段塑造了生命中最刻骨铭心的片段。花草树木永远是校园景观的主体，在积极向上、和谐美丽的校园空间中，花木扮演着举足轻重的角色。菏泽学院的一草一木、一花一石，匠心独运，如诗如画，滋养着一代又一代的菏院学子，寄托着每一位校友对往日的缅怀和对未来的憧憬。

　　"一花一世界，一树一景观。"曾多少次惊叹于菏泽学院校园植物之丰富与美丽，但常常遗憾于看着熟悉却不得其名，曾想有一本介绍校园植物的书就好了，现在这本书真的出现了。欣喜之余，更加赞赏此书的策划者和作者以及与此书出版有关的人。全书共收集了校园植物 168 个种（变种、品种），并对每种植物识别要点描述简明扼要，对地理分布、生长习性、繁殖方法、园林用途也做了说明，且每种植物都配有精美的图片，图文并茂，清晰明了。此书不仅是认识菏泽学院植物的工具，也是菏泽学院校园文化的重要组成部分，书问世后必将大受欢迎。

　　我对此书尤为认可。谨以此文为序。

　　　　　　　　　　　　　　　　　　　　　　　　　　　　　衣玉瑞

　　　　　　　　　　　　　　　　　　　　　　　　　　　　2020 年 7 月

前　言

　　菏泽学院是菏泽市唯一的省市共建、以省管理为主的全日制普通本科高校，环境幽雅、花木繁茂、碧草如茵，是读书治学的理想园地。本书共收集校园中种植的植物 65 个科 121 个属 168 个种、变种、品种，图文并茂，每种植物均配有精美的图片，重要部位配有放大的插图。详细描述了每种植物的主要形态学识别要点、地理分布、生长习性、繁殖方法和园林用途。本书是认识和了解菏泽学院校园植物的一部向导书，也是学生学习植物学、园林树木学、花卉学课程并进行实习的工具书。

　　感谢 2016 级园林专业的彭岗胜，2017 级园林专业的刘建兰、王喜漫、李雨欣、陈国珍，2018 级园林专业的胡钟元和张佳佳同学在本书撰写过程中进行了照片和资料的收集工作。

　　限于笔者水平，书中疏漏之处在所难免，敬请专家和读者批评指正。

笔者

2020 年 4 月

目 录

芍药科

芍药属

牡丹 *Paeonia suffruticosa* **Andr.**

别名：鼠姑、鹿韭、木芍药、白茸、洛阳花、富贵花。

识别要点：落叶灌木。小叶广卵形至卵状长椭圆形，先端3–5裂，基部全缘，背面有白粉，平滑无毛；花单生枝顶，大型，有单瓣和重瓣，花色丰富；菁葵长圆形，密生黄褐色硬毛。花期4月，果期6月。

地理分布：全国广泛栽培。

生长习性：喜光，稍耐阴，忌夏季暴晒；喜温凉气候，较耐寒；喜深厚、肥沃、排水良好之砂质壤土，中性土最好；根系发达，生长缓慢。

繁殖方法：播种、分株和嫁接繁殖。

园林用途：牡丹在园林绿化中的应用形式多样，如牡丹专类园、牡丹花台、花坛、花境及盆栽观赏等，其中牡丹专类园和牡丹花台应用较为广泛。

芍药 *Paeonia lactiflora* Poll.

别名：将离、离草、婪尾春、没骨花、黑牵夷、红药等。

识别要点：多年生宿根草本，具纺锤形的块根。茎丛生，新叶红色，下部茎生叶为二回三出复叶，上部茎生叶为三出复叶，小叶通常三深裂，椭圆形、狭卵形或披针形，近无毛。花一至数朵着生于茎的顶端或近顶端叶腋处，花瓣白、粉、红、紫或黄色，花期5~6月，果期8月。

地理分布：在我国分布于江苏、东北、华北、陕西及甘肃南部地区；在朝鲜、日本、蒙古及西伯利亚地区也有分布。

生长习性：喜光，耐寒，夏季喜凉爽气候；喜肥沃、疏松、排水良好的沙质壤土，忌盐土。

繁殖方法：可分株、播种、扦插繁殖。

园林用途：花色丰富，花型优美，可做专类园，片植效果佳。

芍药与牡丹的区别：

1. 牡丹是落叶灌木；芍药是宿根块茎草本植物。

2. 牡丹叶片宽，正面绿色；芍药叶片狭窄，正反面均为黑绿色。

3. 牡丹的花朵多单生于花枝顶端；芍药常花一至数朵着生于茎的顶端或近顶端叶腋处。

4. 牡丹一般在4月中、下旬开花；芍药在5月中上旬开花。

银杏科

银杏属

银杏 *Ginkgo biloba* L.

别名：白果。

识别要点：落叶大乔木。叶扇形，在长枝上散生，在短枝上簇生，有细长的叶柄，两面淡绿色，无毛，叶脉形式为"二歧状分叉叶脉"，秋季落叶前变为黄色。雌雄异株，花期 3–4 月，种子 9–10 月成熟。种子具长梗，下垂，常为卵圆形；外种皮肉质，熟时呈黄色或橙黄色。

地理分布：主要大量栽培于中国、法国和美国南卡罗来纳州地区。

生长习性：喜光，深根性，对气候、土壤的适应性较宽，但不耐盐碱土及过湿的土壤；在土层深厚、肥沃湿润、排水良好的地区生长较好。

繁殖方法：可扦插、分株、嫁接、播种繁殖。

园林用途：扇形叶，深秋金黄，孤植与片植效果佳。抗烟尘、抗火灾、抗有毒气体，是园林绿化、行道、田间林网、防风林带的理想栽培树种。

苏铁科

苏铁属

苏铁 *Cycas revoluta* Thunb.

别名：铁树、避火蕉、凤尾蕉、凤尾松、凤尾铁。

识别要点：常绿棕榈状木本植物。茎干圆柱状，不分枝。叶从茎顶部长出，厚革质而坚硬，羽片条形。小叶线形，微呈"V"字形。雌雄异株，雄球花圆柱形，雌球花扁球形，上部羽状分裂。花期6-8月，种子10月成熟。

地理分布：在亚洲东部及东南部、大洋洲及马达加斯加等地区。

生长习性：喜光，稍耐半阴；喜温暖，不甚耐寒；喜肥沃湿润和微酸性的土壤，能耐干旱；生长缓慢，10年以上的植株可开花。

繁殖方法：常用播种、分蘖繁殖。

园林用途：优美的观赏植物，适宜孤植在草坪中，也可用于装点花坛中心、古代建筑之陪衬、现代建筑之配植。

柏　科

侧柏属

侧柏 *Platycladus orientalis* (L.) Franco

别名：黄柏、香柏、扁柏、香树。

识别要点：常绿乔木，老树干多扭转，树皮浅灰褐色，细条状纵裂。小枝扁平，排成平面。叶鳞形，交互对生。雌雄同株，球花单生于小枝顶端。球果当年熟，开裂，种鳞木质，背部中央有反曲的钩状尖头。花期3–4月，球果10月成熟。

地理分布：我国各地均有分布，主要在长江以北地区。

生长习性：适应性极强。喜光，耐干旱、瘠薄，耐盐碱，可耐–35℃低温；对土壤要求不严，酸性、中性或碱性土均可生长；抗污染，对二氧化硫、氯气、氯化氢等有毒气体和粉尘抗性较强；萌芽力强，耐修剪。

繁殖方法：可播种、扦插、嫁接繁殖等。

园林用途：树姿优美，常列植或对植于寺庙、墓地、庭院和城市绿地中，孤植、丛植或列植均可，可作为绿篱，也是嫁接龙柏的常用砧木。

千头柏 *Platycladus orientalis* cv. **Sieboldii**

别名： 扫帚柏、凤尾柏。

识别要点： 侧柏的栽培变种，常绿灌木，丛生状，树冠卵球形或圆球形。树皮浅褐色，呈片状剥离。3-4 月开花，球花单生于小枝顶端。球果卵圆形，肉质，蓝绿色，被白粉，10-11 月果熟，熟时红褐色。种子卵圆形或长卵形。

地理分布： 中国华北、西北至华南及日本等地。

生长习性： 同侧柏。

繁殖方法： 以扦插繁殖为主，也可采用播种繁殖。

园林用途： 千头柏树形优美，可对植、群植，也可作为绿篱，是良好的绿化材料。

圆柏属

圆柏 *Juniperus chinensis* **Linnaevs**

别名：刺柏、柏树、桧柏。

识别要点：常绿乔木。树皮灰褐色，纵裂。叶二型，即刺叶及鳞叶，刺叶生于幼树之上，老龄树则全为鳞叶；刺形叶3枚轮生或对生，鳞形叶交互对生。球果2年成熟，近圆球形，熟时暗褐色。花期4月，种熟期翌年10月。

地理分布：广泛分布于全国各地。

生长习性：喜光，较耐阴，耐寒，耐热；对土壤要求不严，耐轻度盐碱；对氯气和氟化氢抗性较强，防尘和隔音效果良好。

繁殖方法：播种、扦插和嫁接繁殖。

园林用途：中国古代多配植于庙宇、陵墓作墓道树。可以群植草坪边缘作为背景，或丛植片林、镶嵌树丛的边缘、建筑附近，也可作为绿篱、行道树，还可作为桩景、盆景材料。

龙柏 *Sabina chinensis* cv. **Kaizuca**

别名：龙爪柏、爬地龙柏、匍地龙柏。

识别要点：为圆柏的栽培变种。龙柏长到一定高度，枝条螺旋盘曲向上生长，好像盘龙姿态，故名"龙柏"。树冠狭窄，树干挺直，侧枝螺旋状向上抱合，无或偶有刺形叶。

地理分布：我国长江流域及华北地区。

生长习性：喜光，幼龄耐庇荫，耐旱，耐热；对土壤要求不严，耐轻度盐碱；抗污染，对多种有毒气体均有较强的抗性，并能吸收硫和汞，阻尘和隔音效果好。

繁殖方法：以扦插、嫁接繁殖为主，也可播种繁殖。

园林用途：适于建筑旁或道路两旁列植，也可作为花坛的中心树。

刺柏属

刺柏 *Juniperus formosana* **Hayata**

别名：翠柏、杉柏、垂柏、山杉。

识别要点：常绿乔木，树皮褐色，纵裂成长条薄片脱落；枝条斜展或直展，树冠塔形或圆柱形；小枝下垂，三棱形。叶三叶轮生，条状披针形或条状刺形。雄球花圆球形，球果近球形，熟时淡红褐色，被白粉或白粉脱落；种子半月圆形，具 3–4 棱脊，顶端尖。

地理分布：中国特有树种，自温带至寒带均有分布，中国台湾地区也有。

生长习性：喜光，耐寒，耐旱，主侧根均甚发达，在干旱沙地、肥沃通透性土壤生长最好；向阳山坡及岩石缝隙处均可生长，作为岩石园点缀树种最佳。

繁殖方法：扦插育苗繁殖。

园林用途：城市绿化中最常见的植物，可配植、丛植、带植、孤植、列植，配植草坪、花坛、山石、林下，可增加绿化层次，丰富观赏美感。

杉 科

水杉属

水杉 *Metasequoia glyptostroboides* **Hu & W.C. Cheng**

别名： 梳子杉。

识别要点： 落叶乔木。树干基部常膨大，树皮灰褐色或者暗灰色，幼树裂成薄片脱落，大树裂成长条状脱落，内皮淡紫褐色。叶条形，交互对生，假二列成羽状复叶状，秋叶转棕褐色。球果近球形或四棱状球形，具长梗，种鳞木质，盾状。花期2月下旬，球果11月成熟。

地理分布： 中国独有的珍稀树种，"活化石"。天然分布于四川、湖北地区，目前世界50余个国家有引种。

生长习性： 喜光，喜气候温暖、湿润，抗寒性强，喜深厚、肥沃的酸性或微酸性土，不耐贫瘠和干旱，不耐积水。

繁殖方法： 播种或扦插繁殖。

园林用途： 可用于公园、庭院、草坪、绿地中孤植；也可成片栽植营造风景林。水杉对二氧化硫有一定的抵抗能力，是工矿区绿化的优良树种。

松 科

雪松属

雪松 Cedrus deodara (Roxb.) G. Don

别名：香柏、喜马拉雅雪松、喜马拉雅杉。

识别要点：常绿乔木，树冠圆锥形。枝下高极低，有长枝和短枝，小枝细长，微下垂。针叶在长枝上螺旋状排列，在短枝上簇生，质硬，灰绿色或银灰色，各面有数条气孔线，有白粉。雌雄异株，稀同株。花期10-11月，球果翌年10月成熟，椭圆状卵形，熟时赤褐色。

地理分布：原产喜马拉雅山西部地区，现辽宁以南地区广泛栽培。

生长习性：喜温暖、湿润气候，可耐短期低温；喜光，喜深厚而排水良好的微酸性土，忌盐碱；大气污染检测树种；浅根性，抗风性弱。

繁殖方法：播种、扦插繁殖。

园林用途：是世界五大公园树种之一。最适宜孤植于草坪、广场、建筑前庭中心、大型花坛中心，对植于建筑物两旁或园门入口处，也可丛植于草坪一隅。成片种植时，雪松可作为大型雕塑或秋色叶树种的背景。

松属

黑松 *Pinus thunbergii* Parl.

别名：白芽松。

识别要点：常绿乔木，树皮黑灰色，裂成不规则较厚鳞状块片；幼树树冠狭圆锥形。小枝淡褐黄色，粗壮。冬芽银白色，圆柱形。叶先端刺尖。球果狭圆锥形，褐色，有短刺。花期 4 –5 月，种熟期翌年 9 –10 月。

地理分布：原产于日本与朝鲜；现我国东部沿海地区有栽培。

生长习性：喜光，喜温暖湿润的海洋性气候，抗海风、海雾；对土壤要求不严，在 pH 为 8 的土壤中仍能生长，在海滩盐土中可以生长；耐干旱、瘠薄，忌水涝；抗病虫能力强，生长慢，寿命长。

繁殖方法：以播种繁殖为主。

园林用途：著名海岸绿化及沿海防护林树种，荒山绿化、道路绿化行道树种，也是制作树桩盆景的材料，并可作为嫁接日本五针松及雪松的砧木。

油松 *Pinus tabuliformis* Carr.

别称： 短叶松、红皮松。

识别要点： 常绿乔木。树皮灰褐色或褐灰色，裂成不规则较厚的鳞状块片，裂缝及上部树皮红褐色。枝平展或向上斜展，针叶2针一束，深绿色，粗硬。雄球花圆柱形，在新枝下部聚生成穗状。球果卵形或圆卵形，有短梗，向下弯垂，成熟前绿色，熟时淡黄色或淡褐黄色，常宿存树上数年之久。花期4–5月，球果第二年10月成熟。

地理分布： 中国特有树种，产自东北、中原、西北和西南等地区。

生长习性： 喜光、深根性，抗瘠薄、抗风；在土层深厚、排水良好的酸性、中性或钙质黄土中，–25℃的气温下均能生长。

繁殖方法： 以播种繁殖为主。

园林用途： 是华北地区最常见的松树。园林配植中，可孤植、丛植、纯林群植，是松栎混交林的主要组成树种。著名的泰山"望人松"就是油松。

木兰科

木兰属

广玉兰 *Magnolia grandiflora* L.

别名：荷花玉兰、木莲花、洋玉兰、泽玉兰。

识别要点：常绿乔木。小枝、芽、叶下面、叶柄均密被褐色短绒毛。叶厚革质，椭圆形，上面深绿色有光泽，下面密生褐色毛，叶缘略反卷。花白色或浅黄色，有芳香；花被片 9–12 枚，厚肉质，倒卵形，花大如荷。聚合果圆柱状长圆形或卵圆形，外种皮红色。花期 5–6 月，果期 9–10 月。

地理分布：原产北美洲东南部；现在我国长江流域及其以南地区广泛栽培。

生长习性：喜光，幼苗颇耐阴；喜温暖湿润气候，也耐短期低温；在肥沃、深厚、湿润而排水良好的酸性或中性土壤中生长良好；根系发达，生长速度中等偏慢；耐烟，抗风，对烟尘和二氧化硫等有较强的抗性。

繁殖方法：播种、压条、嫁接繁殖。

园林用途：优美的庭荫树和行道树。可孤植于草坪、列植于路旁或对植于门前，也可在开阔环境丛植、群植。

紫玉兰 *Magnolia liliflora* Desr.

别名：辛夷、木兰。

识别要点：落叶灌木。叶片倒卵状椭圆形。花大，花瓣6片，外面紫色，内面浅紫色或近于白色。聚合果深紫褐色，变褐色，圆柱形；成熟蓇葖近圆球形。花期3–4月，花先叶开放；果期9–10月。

地理分布：中国各大城市都有栽培，并已引种至欧美各国，花色艳丽，享誉中外。

生长习性：喜温暖、湿润和阳光充足的环境，较耐寒，但不耐旱和盐碱，肉质根，忌积水，要求肥沃、排水好的砂壤土；萌蘖力和萌芽力强，耐修剪。

繁殖方法：以分株、压条繁殖为主。一般在春季开花前或秋季落叶后进行移植。移植需注意小苗带宿土，大苗带土球。

园林用途：早春著名观赏花木，适于庭院窗前、草地边缘、池畔丛植、孤植，可与翠竹、青松配植，以取色彩调和之效。另外，紫玉兰可作为嫁接白玉兰和二乔玉兰等木兰科植物的砧木。

白玉兰 *Magnolia denudata* Desr.

别名：玉兰、玉堂春。

识别要点：落叶乔木，树冠卵形或近球形。幼枝及芽均有毛。花芽大，显著，密毛。叶片倒卵形、倒卵状椭圆形、宽倒卵形。花先叶开放，白色，芳香，花被片9枚，3轮，每轮3枚。聚合蓇葖果圆柱形，褐色；外种皮红色，内种皮黑色。花期2-3月，果期8-9月。

地理分布：玉兰原产我国中部各省，现北京及黄河流域以南地区广泛栽培。

生长习性：喜光，稍耐阴，喜温暖气候，但耐寒性颇强；喜肥沃、湿润且排水良好的弱酸性土壤；肉质根，不耐水淹；抗二氧化硫。

繁殖方法：播种、扦插、压条、嫁接繁殖。

园林用途：花大而洁白、芳香，开花时极为醒目，宛如琼岛，有"玉树"之称，是著名的早春花木；我国古代民间传统宅院配植中讲究"玉堂富贵"，以喻吉祥如意和富贵，其中"玉"即指玉兰；是上海市市花。

望春玉兰 *Magnolia biondii* **Pamp.**

别名：望春花、迎春树、辛兰。

识别要点：落叶乔木。叶椭圆状披针形，先端急尖。花先叶开放，芳香；花梗顶端膨大；花被9片，外轮3片紫红色，近狭倒卵状条形，中内两轮近匙形，白色，外面基部常紫红色，内轮的较狭小。聚合果圆柱形，常因部分不育而扭曲；蓇葖近圆形，侧扁，具凸起瘤点；种子心形，外种皮鲜红色，内种皮深黑色。花期3月，果熟期9月。

地理分布：中国北京以南地区，其中河南省南召县是望春玉兰的原生地，也是中国林学会命名的"中国玉兰之乡"。

生长习性：与白玉兰相似，生长快。

繁殖方法：用种子、嫁接、扦插繁殖，亦可用压条繁殖。

园林用途：是优良观赏树种，在山区、丘陵、平原、城乡、庭院均可栽植，是值得大力推广的速生、优质、用途广、适应性强、寿命长的好树种。

樟　科

樟属

香樟 *Cinnamomum camphora* (L.) Presl

别名：樟树。

识别要点：常绿大乔木，各部有香气。叶互生，全缘，软屑质，卵形，离基三出脉，边缘波状，下面微有白粉，脉腋有腺窝。花绿白色或带黄色。果卵球形或近球形，直径6-8毫米，紫黑色；果托杯状。

地理分布：中国长江以南地区，日本和朝鲜也产。

生长习性：喜光，喜温暖湿润气候和深厚肥沃的酸性或中性砂壤土；较耐水湿，不耐干旱、瘠薄；寿命在千年以上；有一定抗海潮风、耐烟尘和有毒气体能力，并能吸收多种有毒气体。

繁殖方法：以播种繁殖为主，软枝插、根蘖繁殖也可。

园林用途：树姿雄伟，春叶色彩鲜艳，且枝叶浓荫遍地，是江南最常见的绿化树种，广泛用作庭荫树、行道树。樟树也是珍贵的用材树种。

悬铃木科

悬铃木属

一球悬铃木 *Platanus occidentalis* **L.**

别名：美国梧桐。

识别要点：落叶大乔木，高达40米。枝条开展，树冠广阔，呈长椭圆形。树皮乳白色，呈小的片状剥落，嫩枝有黄褐色绒毛。托叶较大，呈球形头状花序。宿存花柱极短，花期4–5月，果期9–10月。

地理分布：原产北美洲，已被广泛引种，中国广泛分布。

生长习性：喜温暖、湿润气候，抗性强；对土壤要求不严，在湿润、肥沃的酸性或中性土壤中生长最盛，可在微碱性或石灰性土壤中生长，但易发黄叶病。

繁殖方法：插条或播种育苗。

园林用途：是世界著名的庭荫树和行道树，广泛应用于城市绿化，对多种有毒气体抗性较强。

二球悬铃木 *Platanus acerifolia* (Ait) Willd.

别名：英国梧桐。

识别要点：落叶大乔木，高达35米，枝条开展，树冠广阔，呈长椭圆形。树皮灰绿色，片状剥落。嫩枝、叶密被褐黄色星状毛。叶片宽三角形或阔卵形，掌状5裂。头状花序，宿存花柱刺状。花期5月，果期9-10月。

地理分布：原产英国，中国东北南部、华北、华中及华南地区均有栽培。

生长习性：喜光，耐寒，耐旱，耐湿，耐盐碱；对土壤要求不严，酸性、中性或碱性土壤中均可生长；对烟尘和二氧化硫、氯气等有毒气体抗性强。

繁殖方法：播种或扦插繁殖。耐移植，截干、截枝、裸根移植极易成活。

园林用途：树形雄伟端庄，叶大荫浓，干皮光滑，适应性强，为世界著名行道树，被誉为"世界行道树之王"。

三球悬铃木 *Platanus orientalis*

别名：法国梧桐。

识别要点：落叶大乔木，高达 30 米，树皮薄片状脱落；叶大，轮廓阔卵形，叶掌状 5–7 深裂，稀为 3 裂，裂片长大于宽，叶基阔楔形或截形，边缘有不规则锯齿。花 4 数；雄性球状花序无柄，雌性球状花序常有柄。果枝长 10–15 厘米，有圆球形头状果序 3–5 个，稀为 2 个；宿存花柱长，呈刺毛状，小坚果之间有黄色绒毛，突出头状果序外。

地理分布：原产于欧洲东南部和亚洲西部地区，我国西北及山东、河南等地有栽培，今陕西户县存有古树。

生长习性：喜光，耐寒，耐旱，耐湿，耐盐碱；对土壤要求不严，在酸性、中性或碱性土壤中均可生长；对烟尘和二氧化硫、氯气等有毒气体抗性强。

繁殖方法：播种或扦插繁殖。耐移植，截干、截枝、裸根移植极易成活。

园林用途：树形雄伟端庄，叶大荫浓，干皮光滑，适应性强，是世界优良的行道树和庭荫树。

小檗科

南天竹属

南天竹 *Nandina domestica* **Thunb.**

别名：南天竺、红杷子、天烛子、红枸子、天竺、兰竹。

识别要点：常绿小灌木。茎常丛生而少分枝，幼枝常为红色，老后呈灰色。三回羽状复叶；小叶薄革质，椭圆形，顶端渐尖，全缘，上面深绿色，冬季变红色。圆锥花序直立，花小，白色，具芳香；萼片多轮；花瓣长圆形。浆果球形，熟时鲜红色。种子扁圆形。花期3–6月，果期5–11月。

地理分布：中国各省市广泛栽培。

生长习性：喜温暖、湿润的环境，比较耐阴，也耐寒；对水分要求不甚严格，既能耐湿，也能耐旱；适宜在湿润、肥沃、排水良好的砂壤土中生长。

繁殖方法：以播种、分株繁殖为主，也可扦插繁殖。

园林用途：主要用作园林内的植物配置，作为花灌木，可以观其鲜艳的花果，也可孤植、丛植。

小檗属

紫叶小檗 *Berberis thunbergii* var. *atropurpurea Chenault*

别名：红叶小檗。

识别要点：落叶灌木。幼枝淡红带绿色，老枝暗红色具条棱。叶菱状卵形，先端钝，基部下延成短柄，全缘。花小，黄白色，单生或簇生；小苞片带红色，急尖；外轮萼片卵形，先端近钝；花瓣长圆状倒卵形。浆果红色，椭圆体形，稍具光泽，含种子1–2颗。花期4–5月，果期7–10月。

地理分布：中国各省市广泛栽培。

生长习性：喜凉爽、湿润环境，适应性强，耐寒也耐旱，不耐水涝，喜阳也能耐阴；萌蘗性强，耐修剪，对各种土壤都能适应。

繁殖方法：可扦插、播种、分株繁殖。

园林用途：常用作花篱或在园路角隅丛植，点缀于池畔、岩石间，也用作大型花坛镶边或剪成球形对称状配植，适宜坡地成片种植。

榆　科

榆属

榆树 *Ulmus pumila* L.

别名：白榆、家榆。

识别要点：落叶乔木。树干直立，枝多开展，树冠近球形或卵圆形。单叶互生，椭圆状卵形、长卵形、椭圆状披针形或卵状披针形，缘多重锯齿。花两性，早春先叶开放或花叶同放，紫褐色，聚伞花序簇生。翅果近圆形，顶端有凹缺。花果期 3–6 月。

地理分布：产于我国东北、华北、西北、华东等地区。

生长习性：阳性树种。喜光，耐旱，耐寒，耐瘠薄，不择土壤，适应性很强；根系发达，抗风力、保土力强；萌芽力强，耐修剪；生长快，寿命长；不耐水湿；具抗污染性，叶面滞尘能力强。

繁殖方法：主要采用播种繁殖，也可用嫁接、分蘖、扦插法繁殖。

园林用途：是城市绿化的重要树种，作行道树、庭荫树、防护林及"四旁"绿化用无不合适；在林业上也是营造防风林、水土保持林和盐碱地造林的主要树种之一。

杨柳科

柳属

旱柳 *Salix matsudana* koidz

别名： 柳树、立柳、青皮柳。

识别要点： 落叶乔木，高达 18 米，胸径达 80 厘米。大枝斜上，树冠广圆形，树皮暗灰黑色，纵裂，枝直立或斜展，浅褐黄色或带绿色，后变褐色，无毛，幼枝有毛，芽褐色，微有毛。花期 4 月，果期 4-5 月。

地理分布： 产于长江流域与黄河流域，其他各地均有栽培，在亚洲、欧洲、美洲各地区均有引种。

生长习性： 喜光，耐寒，湿地、旱地皆能生长，但以湿润且排水良好的土壤中生长最好；根系发达，抗风能力强，生长快，易繁殖。

繁殖方法： 以扦插、嫁接繁殖为主，也可播种繁殖。

园林用途： 宜配植在水边，如桥头、池畔、河流、湖泊等水系沿岸处，也可作为行道树、庭荫树、固堤树。

绦柳 *Salix matsudana* f. *pendula*

识别要点：落叶乔木。枝条细长而低垂，无毛；冬芽线形，密着于枝条。叶互生，披针形，边缘具有腺状小锯齿，表面浓绿色，背面为绿灰白色，两面均平滑无毛，具有托叶。花开于叶后，雄花序为荑荑花序，有短梗，略弯曲。果实为蒴果，成熟后2瓣裂，内藏种子多枚，种子上具有一丛棉毛。常被误认为是垂柳，与垂柳的区别为：本变型的雌花有2腺体，而垂柳只有1腺体；本变型小枝黄色，叶下面苍白色或带白色；而垂柳的小枝褐色，叶下面带绿色。

地理分布：产自长江流域与黄河流域，其他各地均有栽培，在亚洲、欧洲、美洲各国均有引种。

生长习性：喜光，喜温暖、湿润气候，喜潮湿、深厚之酸性或中性土壤，耐寒性强，耐水湿，又耐干旱。

繁殖方法：以扦插、嫁接繁殖为主，也可播种繁殖。

园林用途：宜配植在水边，如桥头、池畔、河流、湖泊等水系沿岸处，也可作为行道树、庭荫树、固堤树。

杨属

毛白杨 *Populus tomentosa* **Carr.**

别名：大叶杨、响杨。

识别要点：落叶乔木。树冠卵圆形或卵形。侧枝开展，雄株斜上，老树枝下垂。叶柄稍短于叶片，侧扁，先端无腺点。雄花序长 10–14(20) 厘米，雄花苞片约具 10 个尖头，密生长毛；雌花序长 4–7 厘米，苞片褐色，尖裂，沿边缘有长毛。果序长达 14 厘米；蒴果圆锥形或长卵形，2 瓣裂。花期 2–3 月，果期 3–4 月。

地理分布：分布广泛，以黄河流域中、下游为中心分布区。

生长习性：生长快，深根性，耐旱力较强，黏土、壤土、砂壤土或低湿、轻度盐碱土均能生长。

繁殖方法：播种、插条、埋条、留根、嫁接繁殖。

园林用途：较耐干旱和盐碱，树姿雄壮，冠形优美，是优良庭园绿化或行道树，也为华北地区速生用材造林树种。

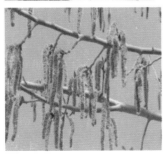

加杨 *Populus × canadensis Moench.*

别名：加拿大杨。

识别要点：落叶乔木，高 30 多米。干直，树皮粗厚，深沟裂，下部暗灰色，上部褐灰色，大枝微向上斜伸，树冠卵形；单叶互生，叶三角形或三角状卵形，长 7–10 厘米，长枝萌枝叶较大，长 10–20 厘米。雄花序长 7–15 厘米，花序轴光滑，苞片淡绿褐色，花盘淡黄绿色，全叶缘，花丝细长，白色，超出花盘，雌花序有花 45–50 朵，柱头 4 裂。果序长达 27 厘米；蒴果卵圆形，长约 8 毫米，先端锐尖，2–3 瓣裂。雌雄异株。花期 4 月，果期 5–6 月。

地理分布：原产于美洲。中国除广东、云南、西藏外，各省区均有栽培。

生长习性：强阳性树种。喜凉爽、湿润气候；在土壤肥沃、水分充足的条件下生长良好，有较强的耐旱能力；耐烟尘，抗污染，根系发达，萌芽力强。

繁殖方法：以无性繁殖为主，多用埋条、留根、压条、分蘖繁殖。

园林用途：加杨耐干旱和喜光照，树干挺直，是优良的庭园绿化或行道树。

黑杨 *Populus nigra*

识别要点：乔木，高 30 米。树冠阔椭圆形。树皮暗灰色，老时沟裂。小枝圆形，淡黄色，无毛。芽长卵形，富黏质，赤褐色。雄花序长 5–6 厘米，花序轴无毛，苞片膜质，淡褐色，花药紫红色；子房卵圆形，有柄，无毛，柱头 2 枚。果序长 5–10 厘米，果序轴无毛，蒴果卵圆形。花期 4–5 月，果期 6 月。

地理分布：我国新疆，在我国北方各地都有分布。

生长习性：天然生长在河岸、河湾，常成带状或片林；抗寒，喜欢半阴环境，在阳光强烈、闷热的环境下生长不良；不耐盐碱，不耐干旱，在冲积沙质土中生长良好。

繁殖方法：播种、扦插、压条繁殖。

园林用途：树形圆柱状，丛植于草地或列植于堤岸、路边，有高耸挺拔之感，在北方园林中常见，也常作行道树、防护林用。

柿　科

柿属

柿树 *Diospyros kaki* **Thunb.**

别名：朱果、猴枣。

识别要点：落叶乔木。树皮裂块较小，冬芽先端钝。叶椭圆形、宽椭圆形、卵状椭圆形或倒卵形，上面深绿色，下面密被黄褐色柔毛。花冠坛状，黄白色。浆果卵圆形或扁球形，橙黄色或鲜黄色。花期 5–6 月，果熟期 9–10 月。

地理分布：我国辽宁西部、黄河流域至华南、西南、台湾地区。

生长习性：性强健，较耐寒，在 –20℃以上的北纬 40°以南地区均可栽培；喜光，略耐阴；对土壤要求不严，较耐干旱；对二氧化硫等有毒气体有较强的抗性。

繁殖方法：嫁接繁殖，用君迁子做砧木，南方还可用野柿或油柿做砧木。

园林用途：树冠广展如伞，叶大荫浓，秋日叶色转红，丹实似火，是观叶、观果和结合生产的重要树种。

蔷薇科

蔷薇属

蔷薇 *Rosa multiflora* **Thunb.**

别名：野蔷薇、多花蔷薇、蔓性蔷薇。

识别要点：攀援灌木。茎刺较大且一般有钩；叶互生，奇数羽状复叶，叶缘有齿，叶片平展但有柔毛。花常是 6–7 朵簇生，为圆锥状伞房花序，生于枝条顶部。花期 5–6 月，果期 10–11 月。

地理分布：北半球温带、亚热带及热带山区。

生长习性：喜欢阳光，亦耐半阴，较耐寒；对土壤要求不严，耐干旱，耐瘠薄，不耐水湿，忌积水；萌蘖性强，耐修剪，抗污染。

繁殖方法：种子可供育苗，生产上多用当年嫩枝扦插育苗。名贵品种用压条或嫁接法繁殖。

园林用途：一般在铁艺栏杆的墙体下栽植，向上攀爬生长，把栏杆空隙填满，开花后效果非常好；也可片植，作为色带或者色块。

月季 *Rosa chinensis* Jacq.

别名：月月红、月月花、长春花。

识别要点：常绿或半常绿低矮灌木。老枝只有钩状皮刺，无针刺和刺毛。羽状复叶互生；小叶片宽卵形，边缘有锐锯齿；叶柄较长，散生皮刺。花数朵簇生或单生；萼片卵形；花瓣重瓣或半重瓣，红色、粉红色至白色，倒卵形；雄蕊和雌蕊多数，花柱离生。果卵球形，红色，内有多数小瘦果。花期4-9月，果期6-11月。

地理分布：原产我国湖北、四川、云南、湖南、江苏、广东等地，现除高寒地区外，各地普遍栽种，品种已在万种以上。

生长习性：对气候、土壤要求不严格，喜疏松、肥沃、富含有机质、排水良好的壤土；性喜温暖、日照充足、空气流通的环境。

繁殖方法：可分株、扦插、压条嫁接、播种繁殖。

园林用途：花期长，观赏价值高，可用于园林布置花坛、花境、庭院花材，可制作月季盆景，做切花、花篮、花束等，也可用于垂直绿化。

木香 *Rosa banksiae* Ait. f.

别称： 蜜香、青木香、五香、五木香、南木香、广木香。

识别要点： 常绿攀缘灌木，高达 6 米。小枝细长，圆柱形，无毛，有短小皮刺；老枝上的皮刺较大，坚硬，经栽培后有时枝条无刺。小叶片椭圆状卵形或长圆披针形，先端急尖或稍钝，基部近圆形或宽楔形，边缘有紧贴细锯齿，上面无毛，深绿色，下面淡绿色；小叶柄和叶轴有稀疏柔毛和散生小皮刺；花小形，多朵成伞形花序；花瓣重瓣或半重瓣，白色，倒卵形，先端圆，基部楔形。花期 4-5 月，果期 8-9 月。

地理分布： 产自中国四川、云南。生于溪边、路旁或山坡灌丛中，海拔 500-1 300 米可存活。全国各地均有栽培。

生长习性： 性喜阳光，耐寒性不强，怕涝。对土壤要求不严，但在书宋肥沃、排水良好的土壤中生长好。

繁殖方法： 多用压条或嫁接法繁殖；扦插繁殖亦可，但较难成活。

园林用途： 在中国长江流域各地栽培普遍栽作棚架、花篱材料。

黄刺玫 *Rosa xanthina* Lindl.

识别要点：落叶丛生灌木，高 2–3 米。枝粗壮，密集，披散；小枝无毛，有散生皮刺，无针刺。小叶片宽卵形或近圆形。花单生于叶腋，重瓣或单瓣，无苞片；花瓣黄色，宽倒卵形；果近球形或倒卵圆形，紫褐色或黑褐色。花期 4–6 月，果期 7–8 月。

地理分布：产自中国黑龙江、吉林、辽宁、内蒙古、河北、山东、山西、陕西、甘肃等省区，现栽培广泛。

生长习性：喜光，耐寒；对土壤要求不严，耐旱，耐瘠薄；忌涝；病虫害少。

繁殖方法：可用分株、扦插、压条和播种法繁殖，其中以分株繁殖为主。

园林用途：早春繁花满枝，颇为美观，适合做花坛。

棣棠属

棣棠 *Kerria japonica* (L.) DC.

别名： 地棠、黄榆叶梅、黄度梅、山吹、麻叶棣棠、黄花榆叶梅。

识别要点： 落叶丛生小灌木，无刺。小枝绿色，无毛，髓白色，质软。叶卵形至卵状椭圆形，边缘有尖锐重锯齿，叶面皱褶。花单生于当年生侧枝顶端，金黄色，花瓣长圆形，花柱顶生。瘦果黑褐色，扁球形。花期4-5月，果期7-8月。

地理分布： 产于河南、湖北、湖南、江西、浙江、江苏、四川、云南等地，现广泛栽培。

生长习性： 喜欢温暖气候，耐寒性不强，较耐阴，对土壤要求不严，耐旱力较差。

繁殖方法： 常用播种、分株、扦插繁殖。

园林用途： 棣棠花色金黄，枝叶鲜绿，丛植于墙际、水畔、坡地、林缘及草坪边缘，或栽作花径、花篱，或以假山配植，景观效果极佳。

火棘属

火棘 *Pyracantha fortuneana* (Maxim.) Li

别称：红子刺、火把果、救军粮、吉祥果。

识别要点：常绿灌木或小乔木。枝拱形下垂，侧枝短刺状。叶片倒卵形或倒卵状长圆形，先端圆钝或微凹；复伞房花序，有花 10-22 朵，白色。果实近球形，呈穗状，橘红色或深红色。花期 3-5 月，果期 8-11 月。

地理分布：我国华东、华中及西南广大地区。

生长习性：喜强光，耐贫瘠，抗干旱，耐寒；对土壤要求不严，以排水良好、湿润、疏松的中性或微酸性壤土为好。

繁殖方法：播种、扦插繁殖。

园林用途：一种极好的春季看花、冬季观果植物。庭院中常见栽培，园林中可丛植、孤植草地边缘，也常用作绿篱。适做中小型盆栽和制作盆景，通过蟠扎可形成各种造型。果枝也是优良的瓶插材料。

山楂属

山楂 *Crataegus pinnatifida* **Bunge**

别称：山里果、山里红、酸里红、红果子、山林果。

识别要点：落叶小乔木。树皮粗糙，暗灰色；刺长 1–2 厘米，有时无刺；新枝紫褐色，老枝灰褐色；叶片宽卵形或三角状卵形，边缘有尖锐重锯齿；伞房花序，花白色，花梗被柔毛；果实近球形，深红色。花期 5–6 月，果期 9–10 月。

地理分布：产自黑龙江、吉林、辽宁、内蒙古、河北、河南、山东、山西、陕西、江苏地区。

生长习性：适应性强，喜凉爽、湿润的环境，既耐寒又耐高温，喜光也能耐阴、耐旱；对土壤要求不严格。

繁殖方法：以嫁接繁殖为主，砧木用普通山楂。

园林用途：树冠整齐，花繁叶茂，果实鲜红、可爱，是观花、观果和园林结合生产的良好绿化树种，可作为庭荫树和园路树。

枇杷属

枇杷 *Eriobotrya japonica* (Thunb.) Lindl.

别名：芦橘、金丸、芦枝。

识别要点：常绿乔木，高可达 10 米；小枝粗壮，黄褐色，密生锈色或灰棕色绒毛。叶片革质，叶子大而长，厚而有茸毛，呈长椭圆形，状如琵琶。圆锥花序顶生，长 10–19 厘米，具多花。常被绒毛。托叶钻形，长 1–1.5 厘米。果实球形或长圆形，呈淡黄色至橙红色。花期 10–12 月，果期 5–6 月。

地理分布：中国长江流域以南至西南地区。

生长习性：喜光，稍阴，喜温暖气候和肥沃湿润、排水良好的土壤，不耐寒，生长缓慢；温度 12℃ –15℃以上，冬季不低于 –5℃，花期、幼果期不低于 0℃的地方，都能生长良好。

繁殖方法：播种、压条和嫁接繁殖。

园林用途：树形整齐、美观，叶片大，冬季白花满树，初夏黄果累累，为亚热带地区优良果木，是绿化结合生产的好树种。

梨属

白梨 *Pyrus bretschneideri* **Rehd.**

识别要点： 乔木。高可达 5–8 米，树冠开展；二年生枝紫褐色，具稀疏皮孔；叶片卵形或椭圆卵形，叶柄嫩时密被绒毛，线形或线状披针形，伞形总状花序，白色，有花 7–10 朵；果实黄色，有蜡质光泽，卵形或近球形有细密斑点，先端萼片脱落，基部具肥厚果梗，果实肉质细腻，酥脆多汁；种子褐色倒卵形。花期 4 月，果期 8–9 月。

地理分布： 产于我国北部及西北部地区，黄河流域各地均见栽培。

生长习性： 喜冷凉、干燥气候，喜肥沃、湿润的沙质土，耐水湿，在平原生长最好。

繁殖方法： 播种、嫁接繁殖。

园林用途： 花果繁茂，可孤植于庭院，或植于开阔地、亭台周边、溪谷口、小河桥头等。

豆梨 *Pyrus calleryana* Decne.

别名：野梨、台湾野梨、山梨、鹿梨、刺仔、赤梨、酱梨。

识别要点：落叶乔木。小枝粗壮，圆柱形，在幼嫩时有绒毛，不久脱落。叶片宽卵形，先端渐尖，稀短尖，基部圆形至宽楔形，边缘有钝锯齿，托叶线状披针形。伞形总状花序，苞片膜质，线状披针形；萼片披针形；花瓣卵形，白色。梨果球形，黑褐色，萼片脱落，有细长果梗。花期4月，果期8-10月。

地理分布：产于山东、河南、江苏、浙江、江西、安徽、湖北、湖南、福建、广东、广西。

生长习性：具深根性，喜光，稍耐阴，不耐寒，耐干旱、瘠薄；对土壤要求不严，在碱性土中也能生长。

繁殖方法：播种繁殖。

园林用途：花果繁茂，可孤植、丛植、列植于草坪边缘、路边，常作为北方栽培梨的砧木。

杜梨 *Pyrus betul；folia* Bunge

别名： 棠梨、土梨、海棠梨、野梨子、灰梨。

识别要点： 落叶乔木。枝常有刺，二年生枝条紫褐色。叶片菱状卵形或长卵形，幼叶上下两面均密被灰白色绒毛。伞形总状花序，花梗被灰白色绒毛，苞片膜质，花瓣白色，雄蕊花药紫色，花柱具毛。果实近球形，褐色，有淡色斑点。花期 4-5 月，果期 8-9 月。

地理分布： 中国东北南部、内蒙古、黄河流域及长江流域。

生长习性： 适应性强，喜光，耐寒，耐旱，耐涝，耐瘠薄，在中性土及盐碱土中均能正常生长。

繁殖方法： 播种繁殖。

园林用途： 通常做各种栽培梨的砧木，也可栽培观赏，适于庭院孤植、丛植，也是华北、西北地区防护林及沙荒造林树种。

苹果属

西府海棠 *Malus micromalus* Makino in Bot Mag Tokyo

别名： 海红、子母海棠、小果海棠。

识别要点： 小乔木。树枝直立性强；小枝暗褐色，具稀疏皮孔；冬芽卵形，暗紫色。叶片长椭圆形，先端急尖，基部楔形稀近圆形，边缘有尖锐锯齿；托叶膜质，线状披针形，早落。伞形总状花序，集生于小枝顶端；苞片膜质，线状披针形，早落；萼片三角卵形，先端渐尖，全缘；花瓣近圆形或长椭圆形。果实近球形，红色。花期 4–5 月，果期 8–9 月。

地理分布： 产于辽宁、河北、山西、山东、陕西、甘肃、云南，在海拔 100–2400 米可生长。

生长习性： 喜光，耐寒，忌水涝，忌空气过湿，较耐干旱。

繁殖方法： 常以嫁接或分株繁殖，亦可用播种、压条及根插等方法繁殖。

园林用途： 树姿直立，花朵密集。花红，叶绿，果美，不论孤植、列植、丛植均极美观。

垂丝海棠 *Malus halliana* (Voss.) Koehne

别名：垂枝海棠。

识别要点：落叶小乔木，树冠开展。叶片卵形或椭圆形至长椭卵形；伞房花序，花梗细弱下垂，有稀疏柔毛，紫色；萼筒外面无毛；萼片三角卵形，花瓣倒卵形，基部有短爪，粉红色。果实梨形或倒卵形，略带紫色，成熟很迟，萼片脱落。花期3-4月，果期9-10月。

地理分布：产于江苏、浙江、安徽、陕西、四川、云南；生山坡丛林中或山溪边，海拔50-1 200米。

生长习性：喜阳光，不耐阴，不甚耐寒，喜温暖湿润环境，适生于阳光充足、背风之处；对土壤要求不严，但在土层深厚、疏松、肥沃、排水良好、略带黏质的土壤中生长更好。

繁殖方法：常以嫁接或分株繁殖，亦可用播种、压条及根插等方法繁殖。

园林用途：垂丝海棠春日繁花满树、娇艳美丽，是点缀春景的主要花木。丛植于草坪、池畔、坡地，列植于园路旁，对植于门厅出入处，效果极好。

海棠花 *Malus spectabilis* (Ait.) Borkh

别名：海棠。

识别要点：小乔木，树形俏丽，高可达 8 米。小枝红褐色，粗壮，圆柱形，幼时具短柔毛，逐渐脱落，老时红褐色或紫褐色，无毛；叶片椭圆形至长椭圆形，先端短渐尖或圆钝，基部宽楔形或近圆形，边缘紧贴细锯齿，有时部分近于全缘，幼嫩时上下两面具稀疏短柔毛，以后脱落，老叶无毛；花序近伞形；果实近球形，黄色；果梗细长，先端肥厚，长 3–4 厘米。花期 4–5 月，果期 9 月。

地理分布：产于平原或山地，海拔 50–2 000 米地区，分布于中国河北、山东、陕西、江苏、浙江、云南地区。

生长习性：喜光，耐寒，耐干旱，忌水湿。

繁殖方法：可用播种、压条、分株和嫁接等方法繁殖。

园林用途：春天开花，美丽可爱，为中国的著名观赏花木；适合植于门旁、庭院、亭廊周围、草地、林缘，也可盆栽。

北美海棠 *Malus micromalus* cv. American

识别要点：落叶小乔木，株高一般在 5–7 米，呈圆丘状。叶片椭圆形至长椭圆形，边缘有锯齿；托叶膜质，窄披针形。花序近伞形，花朵基部合生，花多为粉红至深红色。肉质梨果，近球形。花期 4–5 月，果期 5–12 月。

地理分布：其原种多来自亚洲，由于大多数是由美国和加拿大的植物研究人员从自然杂交的海棠中选育出来的，所以被称为北美海棠。中国各地均可引种栽培。

生长习性：北美海棠适应性很强，对环境要求不严，具有耐瘠薄和耐寒的特点。

繁殖方法：嫁接、分株、播种、压条繁殖。

园林用途：是集观花、观叶、观果为一体的观赏树种，不论孤植、列植、丛植均极美观。

木瓜属

贴梗海棠 Chaenomeles speciosa (Sweet) Nakai

别名：铁脚海棠、铁杆海棠、皱皮木瓜、川木瓜、宣木瓜。

识别要点：落叶灌木，枝条直立开展，无毛，有枝刺。叶卵形至椭圆形，边缘具有尖锐锯齿，齿尖开展。花先叶开放，3–5 朵簇生于二年生老枝上；花梗短粗；花瓣倒卵形或近圆形，猩红色，稀淡红色或白色，萼筒钟状。果卵形至球形，直径 4–6 厘米，黄色或带黄绿色，有稀疏不显明斑点，味芳香；萼片脱落，果梗短或近于无梗。花期 3–4 月，果期 9–10 月。

地理分布：产自陕西、甘肃、四川、贵州、云南、广东地区。

生长习性：适应性强，喜光，也耐半阴，耐寒，耐旱；对土壤要求不严，在肥沃、排水良好的黏土、壤土中均可正常生长，忌低洼和盐碱地。

繁殖方法：主要用分株、扦插和压条繁殖，也可播种繁殖。

园林用途：作为庭荫树或绿篱栽植效果佳，可修剪成球形或圆锥形等不同的造型，在园林中孤植或基础栽植均可。

木瓜 *Chaenomeles sinensis* (Thouin) Koehne

别名： 木李。

识别要点： 灌木或小乔木树皮薄片状剥落，呈乳白色和乳黄色。短枝呈棘状，嫩枝有毛，芽无毛。叶椭圆卵形或椭圆长圆形，有芒状锯齿，齿尖有腺。花单生叶腋，粉红色，叶后开放，5 基数。梨果椭圆形，长 10–18 厘米，暗黄色，近木质，有芳香。花期 4 月，果期 9–10 月。

地理分布： 原产我国华东、中南、陕西等地，各地常见栽培。

生长习性： 喜光，喜温暖，也较耐寒，在北京可露地越冬；适生于排水良好的土壤，不耐盐碱和积水。

繁殖方法： 播种或嫁接繁殖。

园林用途： 果实大而黄色，秋季金瓜满树，悬于柔条上，婀娜多姿、芳香袭人，乃色香兼具的果木。适于小型庭院造景，常于房前或花台中对植、墙角孤植。果实香味持久，置于书房案头则满室生香。

石楠属

石楠 *Photinia serrulata* Lindl.

别名： 红树叶、石岩树叶、水红树、细齿石楠、扇骨木等。

识别要点： 常绿灌木或小乔木。叶片革质，长椭圆形至倒卵状椭圆形，先端尾尖，边缘有疏生具腺细锯齿，近基部全缘，中脉显著。复伞房花序顶生；总花梗和花梗无毛；花瓣白色，近圆形。果实球形，红色，后成褐紫色。种子卵形，棕色。花期 4–5 月，果期 10 月。

地理分布： 产自安徽、甘肃、河南、江苏、陕西、浙江、江西、湖南、湖北、福建、台湾、广东、广西、四川、云南、贵州地区。

生长习性： 喜光，稍耐阴，深根性，喜湿润、土层深厚、排水良好、微酸性的砂质土壤，喜温暖、湿润气候；萌芽力强，耐修剪，抗烟尘和有毒气体。

繁殖方法： 可扦插和播种繁殖。扦插最好在雨季进行。

园林用途： 作为庭荫树或进行绿篱栽植效果更佳，可修剪成球形或圆锥形等不同的造型，在园林中孤植或基础栽植均可，也可丛植。

红叶石楠 *Photinia* × *fraseri* Dress

别名：火焰红、千年红、红罗宾、红唇、酸叶石楠、酸叶树。

识别要点：常绿小乔木或灌木。叶片为革质，且叶片表面的角质层厚。幼枝呈棕色，贴生短毛，后呈紫褐色，最后呈灰色，无毛。叶片长圆形至倒卵状，披针形，长 5–15 厘米、宽 2–5 厘米，叶端渐尖而有短尖头，叶基楔形，叶缘有带腺的锯齿，新梢和嫩叶鲜红。顶生复伞房花序，花白色。梨果黄红色。花期 5–7 月，果期 9–10 月。

地理分布：亚洲东南部与东部以及北美洲的亚热带与温带地区；在中国许多地区也已广泛栽培。

生长习性：喜光，稍耐阴，喜温暖、湿润气候，耐干旱、瘠薄，不耐水湿；耐寒性强，有一定的耐盐碱性；生长速度快，萌芽性强，耐修剪。

繁殖方法：以组织培养和扦插繁殖为主。

园林用途：春秋两季，红叶石楠的新梢和嫩叶火红，色彩艳丽持久，极具生机。常用作绿篱、地被或大灌木修剪成球形，也可培育成独干小乔木。

桃属

桃 *Amygdalus persica* L.

识别要点： 落叶小乔木，高 3-8 米。树冠宽广而平展；小枝细长，无毛，有光泽，绿色，向阳处转变成红色。叶片长圆状披针形、椭圆状披针形或倒卵状披针形，长 7-15 厘米，宽 2-3.5 厘米，叶边具细锯齿或粗锯齿；叶柄粗壮，长 1-2 厘米。花单生，先于叶开放，直径 2.5-3.5 厘米；花梗极短或几无梗；花瓣长圆状椭圆形至宽倒卵形，粉红色，罕为白色。果实形状和大小均有变异，卵形、宽椭圆形或扁圆形，常在向阳面具红晕，外面密被短柔毛，稀无毛，腹缝明显，果梗短而深入果洼。花期 3-4 月，果期通常为 8-9 月。

地理分布： 中国华北、华东各省，世界各地均有栽植。

生长习性： 桃树生长快，结果早，栽培容易。性喜阳光，耐干燥，而忌阴湿和不良排水条件。

繁殖方法： 以嫁接繁殖为主，也可用播种、扦插和压条法繁殖。

园林用途： 可做观赏树种。

榆叶梅 *Prunus triloba* Lindl.

别名：榆梅、小桃红、榆叶鸾枝。

识别要点：灌木，有时小乔木状。叶缘具粗重锯齿，先端尖，常3浅裂，两面多少有毛。花单生或2朵并生，单瓣，粉红色。核果红色，密被柔毛，有沟，果肉薄。花期3–4月，果期5–6月。

地理分布：中国东北、华北、华东地区。

生长习性：喜光，耐寒，耐干旱；对土壤要求不严，以中性至微碱性的沙质壤土为宜，对轻度盐碱土也能适应，不耐水涝；根系发达，生长迅速。

繁殖方法：嫁接繁殖，砧木常用毛桃、杏、山桃或榆叶梅的实生苗，若在山桃或杏砧上高接，可培养成小乔木状。

园林用途：枝条红艳，花团锦簇，花色或粉或红，是著名的庭园花木。成片应用，房前、墙角、路旁坡地均适宜丛植。若以常绿的松柏类或竹丛为背景，与开黄花的连翘、金钟等相配植，可收色彩调和之效。

紫叶碧桃 *Amygdalus persica* f. *atropurpurea*

别名：紫叶桃、红叶碧桃。

识别要点：乔木，树冠平展；树皮暗红褐色，老时粗糙呈鳞片状；小枝细长，无毛，有光泽，绿色，向阳处转变成红色。叶片长圆披针形，叶边具细锯齿。花单生，先于叶开放；花瓣长圆状椭圆形。果肉白色、浅绿白色、黄色，多汁有香味，酸甜；核椭圆形或近圆形；种仁味苦。花期3-4月，果期通常为8-9月。

地理分布：产自中国，各省区广泛栽培；世界各地均有栽植。

生长习性：喜光，耐旱，耐寒，喜肥沃且排水良好之土壤，不耐水湿。

繁殖方法：嫁接繁殖。

园林用途：山坡、水畔、石旁、墙际、庭院、草坪边均宜栽植，可列植、片植、孤植，欣赏效果俱佳。

李属

李 *Prunus salicina* Lindl.

识别要点：落叶乔木。叶倒卵状椭圆形，基部楔形，缘具细钝的重锯齿；花常 3 朵并生，白色，花梗 1-2 厘米，通常无毛；花直径 1.5-2.2 厘米；萼筒钟状，萼片长圆卵形，长约 5 毫米，先端急尖或圆钝，边有疏齿，与萼筒近等长，萼筒和萼片外面均无毛。核果卵球形，具缝合线，绿色、黄色或紫色，被蜡质白霜，梗洼深陷，核有皱纹。花期 3-4 月，果期 7-8 月。

地理分布：中国东北南部、华北至华东、华中地区。

生长习性：喜光，亦耐半阴；适应性强，喜肥沃、湿润且排水良好的黏壤土，根系较浅；生长迅速，但寿命较短。

繁殖方法：常用嫁接繁殖，也可嫩枝扦插或分株繁殖。

园林用途：古文中著名的"五果"之一，花白色、繁密，是花果兼赏树种。可用于庭园、宅旁或风景区等，适于清幽之处配植，或三五成丛，或数十株乃至百株片植均可。

紫叶李 *Prunus cerasifera* Ehrhar f. atropurpurea (Jacq.) Rehd.

别名： 红叶李、樱桃李。

识别要点： 灌木或小乔木。树皮灰紫色，小枝细弱，红褐色，多分枝。叶紫褐色，呈卵形、椭圆形、倒卵形，有细尖单锯齿或重锯齿，基部楔形，先端渐尖，非尾状尖。花常单生，淡粉红色，单瓣。核果球形，暗红色。花期4月，果期8月。

地理分布： 我国各地常见栽培。

生长习性： 喜光，喜温暖、湿润；对土壤要求不严，在中性、微酸性土壤中生长最好；抗二氧化硫、氟化氢等有毒气体；较耐湿，是同属树种中耐湿性最强的种类。

繁殖方法： 嫁接繁殖，以桃、李、山桃、杏、山杏、梅等为砧木均可。

园林用途： 是著名观叶树种，春季粉花满树，适于公园草坪、坡地、庭院角隅、路旁孤植或丛植，也是良好的园路树。

美人梅 *Prunus* × *blireana* cv. Meiren

识别要点： 落叶小乔木或灌木。叶片卵圆形，紫红色。先花后叶，花色浅紫，重瓣花。花具紫长梗，常呈垂丝状；雄蕊辐射，远短于瓣长，花丝淡紫红，花药小，呈土黄至鲜红色。花有香味，但非典型梅香。有时结果，果皮鲜紫红，梅肉可鲜食。

地理分布： 在中国大陆广泛分布。

生长习性： 属阳性树种，抗寒性强，抗旱性较强，喜空气湿度大，不耐水涝；对土壤要求不严；不耐空气污染，对氟化物、二氧化硫和汽车尾气等比较敏感，同时对乐果等农药反应也极为敏感。

繁殖方法： 采用扦插、压条繁殖。

园林用途： 是重要园林观花、观叶树种，可孤植、片植或与绿色观叶植物相互搭配植于庭院或园路旁。

杏属

杏树 *Armeniaca vulgaris* Lam.

别名： 杏、北梅。

识别要点： 乔木。小枝红褐色。叶宽卵形或圆卵形，基部圆形至近心形，锯齿圆钝。花单生，先于叶开放，白色至淡粉红色，花梗极短，花萼绛红色。核果近球形，黄色或带红晕，有细柔毛，果核平滑。花期3–4月，果期6–7月。

地理分布： 中国西北、东北、华北、西南、长江中下游地区。

生长习性： 喜光，耐寒，耐高温；对土壤要求不严，耐轻度盐碱，耐干旱，不耐涝；萌芽力和成枝力较弱，生长迅速。

繁殖方法： 播种或嫁接繁殖。

园林用途： 是著名的观赏花木和果树，在园林中结合生产群植成林，可于庭院、山坡、水边、草坪、墙隅孤植、丛植赏花。

杏梅 *Armeniaca mume* var. *bungo* Makino

别名：洋梅、鹤顶梅。

识别要点：小乔木，稀灌木，高 4–10 米；树皮浅灰色或带绿色，平滑；小枝绿色，光滑无毛。叶片卵形或椭圆形，枝叶介于梅杏之间，花托肿大、梗短、花不香，似杏，果味酸，果核表面具蜂窝状小凹点，又似梅。

地理分布：广泛分布在北方地区。

生长习性：抗寒性强，病虫害较少，能在北京等地安全过冬。

繁殖方法：多用扦插、嫁接繁殖。

园林用途：是春季重要的观花植物，也是北方建立梅园的良好品种。

樱属

*樱桃 **Prunus pseudocerasus** Lindl.*

别名：莺桃、牛桃、樱珠、含桃、玛瑙。

识别要点：落叶乔木，小枝灰褐色，嫩枝绿色。叶片卵形至卵状椭圆形，托叶早落，披针形，有羽裂腺。花序伞房状，有花 3-6 朵，先叶开放；花瓣白色，卵圆形。核果近球形，红色。花期 4 月，果期 5-6 月。

地理分布：产于黑龙江、吉林、辽宁、河北、陕西、甘肃、山东、河南、江苏、浙江、江西、四川地区。

生长习性：喜光，喜温，喜湿，喜肥，土壤以土质疏松、土层深厚的砂壤土为佳。

繁殖方法：可用实生法、高空压条法、扦插法、嫁接法进行繁殖。

园林用途：树形优美，花朵娇小，果实艳丽，是集观花、观果、观形为一体的园林观赏植物；可片植、孤植、列植等。

樱花 *Cerasus serrulata* (Lindl.) G. Don ex Lond.

别名：日本樱花。

识别要点：乔木。树皮灰色，小枝淡紫褐色。叶片卵状椭圆形或倒卵椭圆形，长 5–12 厘米，宽 2.5–7 厘米，先端渐尖或骤尾尖，基部圆形，稀楔形，边有尖锐重锯齿，齿端渐尖，有小腺体，上面深绿色，无毛，下面淡绿色。花序伞形总状，先叶开放；总苞片褐色，椭圆卵形；花瓣白色或粉红色，椭圆卵形，先端下凹。核果近球形，直径 0.8–1 厘米，黑色，核表面略具棱纹。花期4–5 月，果期 6–7 月。

地理分布：中国西部和西南部，以及日本和朝鲜地区。

生长习性：性喜阳光和温暖、湿润地区，有一定抗寒能力；对土壤要求不严，不耐盐碱土；根系较浅，忌积水低洼地，耐旱。

繁殖方法：以播种、扦插和嫁接繁殖为主。

园林用途：是早春重要的观花树种，常用于园林观赏，可群植造成"花海"景观，可三五成丛点缀于绿地形成锦团，也可孤植，还可作为小路行道树、绿篱或制作盆景。

日本晚樱 *Cerasus serrulata* (Lindl.) G. Don ex London var. lannesiana (Carri.) Makio

别名： 重瓣樱花。

识别要点： 落叶乔木。树皮银灰色，有锈色唇形皮孔；叶片为椭圆状卵形、长椭圆形至倒卵形，纸质，具有重锯齿；叶柄上有一对腺点，托叶有腺齿。伞房花序总状或近伞形，有花 2-3 朵；总苞片褐红色，倒卵长圆形，外面无毛，内面被长柔毛；总梗无毛；苞片褐色或淡绿褐色，边有腺齿；萼筒管状，先端扩大，萼片三角披针形；花瓣粉色，倒卵形，先端下凹；核果球形或卵球形，紫黑色。花期 4-5 月，果期 6-7 月。

地理分布： 我国华北至长江流域地区。

生长习性： 浅根性树种，喜阳光，喜深厚、肥沃且排水良好的土壤，有一定的耐寒能力。

繁殖方法： 可嫁接、扦插繁殖。嫁接繁殖成苗慢，操作烦琐，硬枝扦插又很难生根。以蛭石为基质，用带嫩梢的一年生枝条在盛花期扦插，成活率很高。

园林用途： 是重要园林观花树种，其花大而芳香，盛开时繁花似锦，适宜丛植、群植、列植等。

绣线菊属

粉花绣线菊 *Spiraea japonica* L.

别名：日本绣线菊。

识别要点：直立灌木，高达 1.5 米。枝条开展细长，圆柱形；冬芽卵形；叶片卵形至卵状椭圆形，上面暗绿色，下面色浅或有白霜，通常沿叶脉有短柔毛；复伞房花序，花朵密集，密被短柔毛；苞片披针形至线状披针形，萼筒钟状，萼片三角形；花瓣卵形至圆形，粉红色；花盘圆环形，蓇葖果半开张，花柱顶生。花期 6-7 月，果期 8-9 月，有时有 2 次开花。

地理分布：原产于日本和朝鲜半岛，中国华东地区有引种栽培。

生长习性：生态适应性强，耐寒、耐旱、耐贫瘠，抗病虫害；在湿润、肥沃、富含有机质的土壤中生长茂盛。

繁殖方法：播种、分株、扦插繁殖均可。

园林用途：花繁叶密，具有较高观赏价值，广泛应用于各种绿地，可作为地被观花植物、花篱、花境。

珍珠梅属

华北珍珠梅 *Sorbaria kirilowii* (Regel) Maxim.

识别要点：落叶灌木，高达3米，枝条开展；冬芽卵形，先端急尖，无毛或近于无毛，红褐色。奇数羽状复叶，具有小叶片13–21，小叶披针形至长圆披针形，边缘有尖锐重锯齿。顶生大型密集的圆锥花序，花小而白色，花蕾如珍珠，雄蕊约20枚，与花瓣近等长或稍短于花瓣；蓇葖果矩圆形，果梗直立。花期6–7月，果期9–10月。

地理分布：我国华北、内蒙古及西北地区，华北各地习见栽培。

生长习性：中性树种，喜温暖湿润气候，喜光也稍耐阴，抗寒能力强；对土壤的要求不严，较耐干旱、瘠薄，喜湿润肥沃、排水良好之地。

繁殖方法：以分蘖和扦插繁殖为主，也可播种繁殖。

园林用途：树姿秀丽，叶片幽雅，花序大而茂盛，小花洁白如雪而芳香，含苞欲放的球形小花蕾圆润如串串珍珠，花开似梅，花期长；可孤植、片植，是公园、庭院常见花木。

桑科

桑属

桑 *Morus alba* L.

别名：桑树。

识别要点：落叶乔木或灌木。树体富含乳浆，树皮黄褐色。叶卵形或广卵形，叶端尖，叶基圆形或浅心形，边缘有粗锯齿。叶面无毛，有光泽，叶背脉上有疏毛。雌雄异株，花期4月，葇荑花序。果熟期5-6月，聚花果卵状椭圆形，成熟时红色、黑紫色或白色。

地理分布：自中国东北至西南各省区，西北直至新疆地区均有栽培。

生长习性：喜光，幼苗稍耐阴；喜温暖湿润气候，耐寒，耐干旱，耐水湿能力强。

繁殖方法：可播种、嫁接、压条繁殖。

园林用途：树冠宽阔，树叶茂密，秋季叶色变黄，颇为美观，且能抗烟尘及有毒气体，适于城市、工矿区及农村"四旁"绿化。

构属

构树 *Broussonetia papyrifera* (L.) L'Hér. ex Vent.

别名： 构桃树、构乳树、楮实子、沙纸树、假杨梅。

识别要点： 落叶乔木，高 10–20 米；树皮浅灰色；小枝密被绒毛。叶广卵形至长椭圆状卵形，长 6–18 厘米，宽 5–9 厘米，先端渐尖，基部圆形截形至浅心形，两侧常不相等，边缘具粗锯齿，不分裂或 3–5 裂，小树之叶常有明显分裂，表面粗糙，疏生糙毛，背面密被绒毛。花雌雄异株；雄花序为柔荑花序，粗壮；雌花序为球形头状。聚花果球形，成熟时橙红色，肉质。花期 4–5 月，果期 6–7 月。

地理分布： 中国南北各地。

生长习性： 喜光，适应性强，耐干旱、瘠薄，也能生于水边，多生于石灰岩山地；也能在酸性土及中性土中生长；耐烟尘，抗大气污染力强。

繁殖方法： 播种或扦插繁殖。

园林用途： 是城乡绿化的重要树种，尤其适于工矿区及荒山坡地绿化，亦可用作庭荫树及防护林。

榕属

无花果 Ficus carica Linn.

别名：映日果、优昙钵、蜜果、文仙果、奶浆果、品仙果。

识别要点：落叶灌木，多分枝；树皮灰褐色，皮孔明显；小枝直立，粗壮。叶互生，厚纸质，广卵圆形，长宽近相等，小裂片卵形。雌雄异株。榕果单生叶腋，大而梨形，成熟时紫红色或黄色；瘦果透镜状。花果期5-7月。

地理分布：原产于地中海沿岸；现中国南北地区均有栽培，新疆南部尤多。

生长习性：喜温暖湿润气候，耐瘠，抗旱，不耐寒，不耐涝；以向阳、土层深厚、疏松肥沃，排水良好的砂质壤土或黏质壤土栽培为宜。

繁殖方法：可扦插、分株、压条繁殖，尤以扦插繁殖为主。

园林用途：树势优雅，是庭院、公园的观赏树木，有良好的吸尘效果，如与其他植物配植在一起，还可以形成良好的防噪声屏障。

蜡梅科

蜡梅属

蜡梅 *Chimonanthus praecox* (Linn.) Link.

别名：金梅、蜡花、蜡梅花、蜡木。

识别要点：落叶灌木。叶对生，椭圆状卵形至卵状披针形，上面粗糙，有硬毛，下面光滑无毛。花鲜黄色，有芳香，花被片多数，内层花被片有紫褐色条纹。瘦果长圆形，栗褐色，生于壶形果托中。花期1-3月，果熟期8-9月。

地理分布：中国北京至湖南、四川地区都有栽培。

生长习性：喜光，稍耐阴，耐寒；喜深厚且排水良好的壤土，在黏性土和盐碱地生长不良；耐干旱，忌水湿；萌芽力强，耐修剪。

繁殖方法：分株、压条、扦插、播种、嫁接繁殖均可，以嫁接繁殖为主。

园林用途：是我国特有的珍贵花木，花开于隆冬，花香四溢；在江南，可与南天竹等常绿观果树种配植，也可盆栽观赏，且适于造型。

云实科

紫荆属

紫荆 Cercis chinensis **Bunge**

别名： 裸枝树、紫珠。

识别要点： 小乔木或灌木。单叶互生，掌状脉，近圆形，基部心形，先端急尖，全缘，两面无毛，边绿透明，叶柄顶端膨大。花紫红色，4-10 朵簇生于老枝上，通常先于叶开放。荚果，沿腹缝线有窄翅。花期 4 月，果期 10 月。

地理分布： 产自我国东南部地区，分布于北至河北，南至广东、广西，西至云南、四川，西北至陕西，东至浙江、江苏和山东等省区。

生长习性： 喜光，较耐寒；对土壤要求不严，在碱性土壤中亦能生长，不耐积水；萌性强。

繁殖方法： 播种、分株、压条繁殖均可，生产上以播种育苗为主。

园林用途： 是常见早春花木，最适于庭院、建筑、草坪边缘、亭廊之侧丛植、孤植。

皂荚属

皂荚 *Gleditsia sinensis* Lam.

别名： 皂荚树、皂角、猪牙皂、牙皂。

识别要点： 落叶乔木。枝刺圆锥形，粗壮，常分枝。羽状复叶，小叶 3–7 对，叶缘有细密锯齿，上面网脉明显凸起，两个顶叶较大。花杂性，黄白色。荚果肥厚，直而扁平，棕黑色，经冬不落。花期 3–5 月，果期 5–12 月。

地理分布： 中国东北至西南、华南地区。

生长习性： 喜光，稍耐阴，耐寒；对土壤酸碱度要求不严，在酸性、石灰质土壤和盐碱地中均可生长；深根性，生长较慢，寿命长。

繁殖方法： 播种繁殖。

园林用途： 树冠圆满宽阔，叶密荫浓，可孤植、列植或群植，作为庭荫树，风景区、公路沿线绿化树种等。果荚、刺、种子可入药。

蝶形花科

槐属

槐 *Styphnolo bium japonicunc* L., Schott

别名： 国槐、槐树、槐蕊、豆槐、白槐、家槐。

识别要点： 乔木。树皮灰褐色，具纵裂纹。1–2 年生枝绿色，皮孔明显。羽状复叶，小叶 7–17 枚，卵形至卵状披针形。圆锥花序，花冠白色或淡黄色。荚果串珠状，具肉质果皮，成熟后不开裂；种子卵球形，淡黄绿色，干后黑褐色。花期 7–8 月，果期 8–10 月。

地理分布： 中国北部较集中，广东、台湾、四川、云南也广泛种植。

生长习性： 喜光，稍耐阴，能适应较冷气候，根深而发达，对土壤要求不严，抗风，耐干旱、贫瘠。

繁殖方法： 以播种、埋根、扦插繁殖为主。

园林用途： 其枝叶茂密，绿荫如盖，适作为庭荫树，在中国北方多用作行道树，配植于公园、建筑四周、街坊住宅区及草坪也极相宜。

龙爪槐 *Sophora japonica* **var. pendula Hort.**

别名： 垂槐、盘槐。

识别要点： 乔木。小枝弯曲下垂呈伞形。小叶卵形至卵状披针形，先端尖，背面有白粉和柔毛。圆锥花序顶生；花黄白色。荚果串珠状，肉质不开裂；种子肾形或矩圆形，黑色。花期 7–8 月，果期 8–10 月。

地理分布：中国南北各省广泛分布。

生长习性： 弱阳性；喜深厚、肥沃且排水良好的沙质壤土，但在石灰性、酸性及轻度盐碱土中也可生长；不耐水涝；抗污染，对二氧化硫、氯气、氯化氢等有毒气体抗性较强；萌芽力强，耐修剪。

繁殖方法： 用国槐做砧木嫁接繁殖。

园林用途： 树形古朴，性柔下垂，密如覆盘，常对植于宅第旁、祠堂之前，颇有庄严气势。

黄金槐 *Sophora japonica* var.Golden Stem

别名：金枝国槐、金枝槐。

识别要点：乔木。茎、枝一年生为淡绿黄色，入冬后渐转黄色，二年生的树茎、枝为金黄色，树皮光滑；叶互生，羽状复叶，叶椭圆形，淡黄绿色。树形自然开张，树态苍劲挺拔。锥状花序，顶生。荚果，串状，种子间缢缩不明显，种子排列较紧密，果皮肉质，成熟后不开裂。花期 5-8 月，果期 8-10 月。

地理分布：中国北京、辽宁、陕西、新疆、山东、河南、江苏、安徽等地。

生长习性：耐旱、耐寒力较强，对土壤要求不严格，在贫瘠土壤中可生长，在腐殖质肥沃的土壤中生长良好。

繁殖方法：一般采用国槐做砧木嫁接繁殖。

园林用途：黄金槐通体呈金黄色，富贵、美丽，是公路、校园、庭院、公园、机关单位等绿化的优良品种，具有较高的观赏价值。

刺槐属

刺槐 *Robinia pseudoacacia* L.

别称： 洋槐、刺儿槐。

识别要点： 落叶乔木。树皮灰褐色至黑褐色，浅裂至深纵裂。小枝灰褐色，具托叶刺，羽状复叶，叶常对生，椭圆形、长椭圆形或卵形。总状花序，花序腋生，下垂，花多数，芳香；荚果褐色，线状长圆形，扁平。种子褐色至黑褐色，肾形。花期5月，果期10–11月。

地理分布： 原产北美，现中国各地广泛栽植。

生长习性： 喜光，不耐庇荫；对水分条件很敏感，有一定的抗旱能力；抗风性差；对土壤要求不严，在酸性、中性和轻度盐碱土中均可生长；萌芽力和根蘖性强。

繁殖方法： 以播种繁殖为主，也可分株、根插繁殖。

园林用途： 刺槐树冠高大，叶色鲜绿，每当开花季节绿白相映，素雅而芳香，可作为行道树、庭荫树，也是工矿区绿化及荒山、荒地绿化的先锋树种。

车轴草属

白花车轴草 *Trifolium repens* L.

别名：白花三叶草、白车轴草、白花苜蓿。

识别要点：多年生草本植物。茎匍匐蔓生，节上生根，全株无毛。掌状三出复叶，叶柄较长，小叶倒卵形至近圆形，顶端圆或微凹，基部楔形，边缘有锯细齿，表面无毛，背面微有毛；托叶椭圆形，顶端尖，抱茎。花序球形，顶生；花梗比花萼稍长或等长；花冠白色、乳黄色或淡红色，具香气。荚果倒卵状椭圆形，种子阔卵形。花期5月，果期8–9月。

地理分布：原产欧洲，中国的东北、华北、华中、华南、西北地区均有栽培。

生长习性：喜温暖湿润气候，不耐干旱和长期积水；喜光，具有明显的向光性运动；对土壤要求不高，耐贫瘠，耐酸。

繁殖方法：可播种繁殖，也可用匍匐茎扦插繁殖。

园林用途：是良好的地被植物，片植效果好，可在庭院、公园应用。

紫藤属

紫藤 *Wisteria sinensis* (Sims) Sweet

别名：牛藤、招藤、藤萝。

识别要点：木质藤本，茎枝为左旋生长。小叶 3–6 时，卵状披针形，先端渐尖，幼叶密生平贴白色细毛，后变无毛。春季先叶开花，花穗大而紫色，花序长 15–30 厘米，花蓝紫色，芳香，花序轴、花梗及萼均被白色柔毛。荚果长 10–15 厘米，密被银灰色有光泽的短绒毛。花期 4–5 月，果期 5–8 月。

地理分布：我国辽宁、陕西、甘肃及华北和长江以南各省区。

生长习性：喜光，略耐阴，较耐寒；喜深厚、肥沃且排水良好的土壤，有一定的耐干旱、瘠薄和水湿能力；主根发达，侧根较少，不耐移植。

繁殖方法：播种、扦插、压条、分株繁殖。

园林用途：著名的凉廊和棚架绿化材料，可形成绿蔓浓密、紫袖垂长、清风送香的引人入胜景观。紫藤还可以装饰枯死的古树，给人以枯木逢春之感。

野豌豆属

救荒野豌豆 *Vicia sativa* L.

别名：大巢菜、箭舌野豌豆、苕子。

识别要点：一年生或二年生草本植物。茎斜升或攀缘，单一或多分枝，具棱，被微柔毛。偶数羽状复叶，叶轴顶端卷须有 2–3 分支；小叶长椭圆形或近心形，具短尖头，基部楔形，侧脉不甚明显，两面被贴伏黄柔毛。花腋生，近无梗；花冠紫红色。荚果线长圆形，成熟时背腹开裂，果瓣扭曲。种子圆球形，棕色或黑褐色。花期 4–7 月，果期 7–9 月。

地理分布：中国各地均有分布，广为栽培。

生长习性：生于海拔 50–3 000 米荒山、田边草丛及林中。

繁殖方法：播种繁殖。

园林用途：救荒野豌豆为绿肥及优良牧草，也可作为地被植物。

含羞草科

合欢属

合欢 *Albizia julibrissin* Durazz.

别名： 马缨花、绒花树、合昏、夜合、鸟绒。

识别要点： 落叶乔木，树皮灰褐色。二回偶数羽状复叶，互生，羽片4–12对。花序头状，多数，细长之总柄排成伞房状，腋生或顶生；雄蕊多数，基部合生，花丝细长；子房上位，花柱几与花丝等长，柱头圆柱形。荚果扁条形，嫩荚有柔毛，老荚无毛。花期6–7月，果期9–10月。

地理分布： 我国黄河流域至珠江流域各地均有分布。

生长习性： 性喜光，喜温暖，耐寒，耐旱，耐土壤瘠薄及轻度盐碱；对二氧化硫、氯化氢等有害气体有较强的抗性。

繁殖方法： 常采用播种繁殖。

园林用途： 可用作园景树、行道树、风景区造景树、滨水绿化树、工厂绿化树和生态保护树等。

茄科

枸杞属

枸杞 *Lycium chinense* Mill.

别名：苟起子、枸杞红实。

识别要点：多分枝灌木，枝条弯曲或匍匐。单叶互生或簇生，卵形、卵状菱形至卵状披针形，全缘。花单生或 2-4 朵簇生叶腋；花 3（4-5）裂；花冠漏斗状，淡紫色，5 深裂，裂片边缘有绿毛；雄蕊伸出花冠外。浆果卵形或长卵形，长 5-18 毫米，径 4-8 毫米，成熟时鲜红色。花果期 6-11 月。

地理分布：产于东亚和欧洲地区，我国广泛分布。

生长习性：喜光，较耐阴，耐寒，耐盐碱，耐干旱、瘠薄，即使在石缝中也可生长，但忌低湿和黏质土，萌蘖力强。

繁殖方法：播种、分株、扦插或压条繁殖。

园林用途：可供池畔、台坡、悬崖石隙、山麓、山石、林下等处美化之用，也可植为绿篱。

苦木科

臭椿属

臭椿 *Ailanthus altissima* **(Mill.) Swingle**

别名：臭椿皮、大果臭椿。

识别要点：落叶乔木。树皮灰色。小枝粗壮，黄褐色。奇数羽状复叶，小叶卵状披针形，中上部全缘。圆锥花序顶生，花淡黄色或黄白色。翅果扁平，淡褐色。花期4–5月，果期9–10月。

地理分布：中国东北南部、华北至华南地区。

生长习性：阳性树，适应性强；喜温暖，较耐寒；很耐干旱、瘠薄，但不耐水涝；对土壤要求不严，耐中度盐碱；根系发达，萌蘖力强；抗污染，对二氧化硫、二氧化氮、粉尘的抗性均强。

繁殖方法：以播种繁殖为主，也可分株、插根繁殖。

园林用途：优良的观赏树种，可用作庭荫树及行道树，可孤植于草坪、水边。

楝科

楝属

苦楝 *Melia azedarach* L.

别名：楝树。

识别要点：落叶乔木。树皮灰褐色，浅纵裂。枝条粗壮，皮孔明显。羽状复叶，小叶卵状椭圆形，先端渐尖，叶缘有钝锯齿。花淡紫色，有芳香。核果球形，熟时黄色，冬季宿存树上。花期 4-5 月，果期 10-11 月。

地理分布：苦楝在我国分布很广，黄河流域以南、华东及华南等地皆有栽培。

生长习性：喜光，喜温暖湿润气候；对土壤要求不严，耐盐碱；稍耐干旱，较耐水湿；萌芽力强；抗烟尘、二氧化硫；生长快，寿命短，30-40 年即衰老。

繁殖方法：播种繁殖，或插根、分蘖繁殖。

园林用途：树形优美，叶形舒展，初夏紫花芳香、淡雅秀丽，秋季黄果经冬不凋，是优良的公路树、街道树和庭荫树。苦楝甚抗污染，极适于工厂、矿区绿化。

香椿属

香椿 *Toona sinensis* (A. Juss.) Roem.

别名：香椿铃、香铃子、香椿子、香椿芽。

识别要点：落叶乔木。树皮粗糙，深褐色，片状脱落。叶具长柄，偶数羽状复叶；小叶对生或互生，纸质，卵状披针形或卵状长椭圆形，小聚伞花序生于短的小枝上。花瓣5片，白色，长圆形，柱头盘状。蒴果狭椭圆形，深褐色；种子基部通常钝，上端有膜质的长翅。花期6–8月，果期10–12月。

地理分布：原产中国中部和南部。东北自辽宁南部，西至甘肃，北起内蒙古南部，南到广东广西，西南至云南均有栽培。

生长习性：喜温，喜光，较耐湿，适宜生长于河边、宅院周围肥沃湿润的土壤中，一般以沙壤土为好。适宜的土壤酸碱度 pH 值为 5.5–8.0。

繁殖方法：主要以播种育苗和分株繁殖为主。

园林用途：可作行道树种。园林中配植于疏林，作上层骨干树种，其下栽以耐阴花木。

木樨科

白蜡树属

白蜡树 *Fraxinus chinensis* Roxb

别名： 梣、青榔木、白荆树。

识别要点： 落叶乔木。羽状复叶，对生，小叶呈卵圆形或卵长椭圆形，先端渐尖，叶柄基部膨大。圆锥花序侧生或顶生于当年枝上；花萼钟状，无花瓣。翅果倒披针形，基部窄，翅与种子约等长。花期 3–4 月，果期 10 月。

地理分布： 中国华北中部、黄河流域、长江流域至华南、西南地区。

生长习性： 喜光，稍耐阴，耐寒性强；对土壤要求不严；萌芽力和萌蘖力强，耐修剪；抗污染，对有毒气体有较强抗性。

繁殖方法： 以播种为主，亦可扦插或压条繁殖。

园林用途： 是优良的秋色叶树种，可作为庭荫树、行道树，也可用于水边、矿区的绿化，是盐碱地区和北部沿海地区重要的园林绿化树种，枝条可编织用。

木樨属

丹桂 *Osmanthus fragrans* (Thunb。) Lour.

识别要点：常绿阔叶灌木或小乔木。树皮灰褐色。小枝黄褐色，无毛。分枝性强，分枝点低，枝条峭立，紧密度中等。单叶对生，叶深绿至墨绿色，硬革质、质地厚硬，有光泽；叶身狭长，呈长椭圆状披针形，全缘，网脉两面明显；聚伞花序生于叶腋，每腋内有花多朵。花冠近平展，花橙黄色或橙红色，香味浓。花期 9—10 月，果期翌年 3 月。

地理分布：原产于我国西南部地区，现长江流域及其以南各地广泛栽培。

生长习性：喜气候温暖和通风良好的生长环境，不耐寒；适合生长在土层深厚、排水良好、偏酸性砂质壤土。

繁殖方法：播种、扦插、嫁接、压条繁殖。

园林用途：树姿典雅，是我国人民喜爱的传统园林花木，应用于园林绿化，可植于道路两侧、假山、草坪、院落等地。

金桂 *Osmanthus fragrans* var. *thunbergii*

别称：木樨。

识别要点：常绿阔叶大乔木，树势强健，枝条挺拔。树皮灰色，皮孔圆或椭圆形。叶色深绿，革质，富有光泽；叶片椭圆形；叶面不平整，叶肉凸起；叶缘微波曲，反卷明显。花期9月下旬至10月上旬；有浓香，不结实，花金黄色，香味浓或极浓，开花量大。

地理分布：现四川、云南、广东、广西、湖北等省区均有野生，淮河流域至黄河中下游以南各地普遍地栽，以北则多行盆栽。

生长习性：适应性强，比较耐阴。

繁殖方法：用播种、压条、嫁接和扦插繁殖。

园林用途：金桂花朵金黄，花香馥郁，叶片浓绿，在众多桂花中观赏价值最高，今已推广到全国各地；广泛用于观赏、绿化，有着广阔的开发前景。

女贞属

女贞 *Ligustrum lucidum* Ait.

别名：大叶女贞、冬青、蜡树。

识别要点：常绿乔木。叶革质，椭圆状披针形至披针形，渐尖，基部圆形、近圆形或宽楔形，下面主脉明显隆起。圆锥花序，有短柔毛；花梗短，花冠筒和花冠裂片略等长；花药和花冠裂片略等长。核果长圆状或近肾形，长7–10毫米，成熟时呈红黑色。花期6–7月，果期7月至翌年5月。

地理分布：产于我国长江以南至华南、西南各省区，华北、西北地区也有栽培；朝鲜也有分布，印度、尼泊尔等国有栽培。

生长习性：女贞耐寒性好，喜温暖湿润气候，喜光，耐阴；为深根性树种，生长快，萌芽力强，耐修剪，但不耐瘠薄；对大气污染的抗性较强；对土壤要求不严，以砂质壤土或黏质壤土栽培为宜，在红、黄壤土中也能生长。

繁殖方法：以播种繁殖为主，也可用扦插繁殖。

园林用途：具有滞尘、抗烟的功能，能吸收二氧化硫，适应厂矿、城市绿化，是少见的北方常绿阔叶树种之一，常作为行道树和公园绿化树种。

金森女贞 *Ligustrum japonicum* 'Howardii'

别名：哈娃蒂女贞。

识别要点：常绿灌木或小乔木。叶及树冠无毛。叶片厚革质，近卵形，全缘，春季新叶鲜黄色，冬季转为金黄色。圆锥状花序，花白色，花冠裂片与花冠管近等长或稍长。核果椭圆形，呈黑紫色，外被白粉。花期6-7月，果期10-11月。

地理分布：原产日本，现我国各地均有栽培。

生长习性：喜光，耐旱，耐寒；对土壤要求不严，在酸性、中性和微碱性土中均可生长。

繁殖方法：扦插繁殖。

园林用途：生长迅速，根系发达，耐修剪，萌芽力强，叶色金黄，株形美观，是优良的绿篱树种，也可做地被或修剪成灌木球。

小蜡 *Ligustrum sinense* Lour.

别名：黄心柳、水黄杨、千张树。

识别要点：落叶灌木或小乔木。单叶对生，叶背沿中脉有短柔毛。花序长 4-10 厘米，花梗细而明显；花冠筒短于花冠裂片；雄蕊超出花冠裂片。核果近球形。花期 3-6 月，果期 9-12 月。

地理分布：中国华北、华东、华中、西南地区。

生长习性：喜光，稍耐阴，较耐寒，在北京小气候条件下生长良好；抗二氧化硫等多种有毒气体；耐修剪。

繁殖方法：播种或扦插繁殖。

园林用途：适于整形修剪，常用作绿篱，也可修剪成长、方、圆等各种几何或非几何形体，用于园林点缀；亦可作为花灌木栽培，丛植或孤植于水边、草地、林缘或对植于门前；是优良的抗污染树种，适宜公路及厂矿企业绿化。

小叶女贞 *Ligustrum quihoui* **Carr.**

别名：小叶冬青、小白蜡。

识别要点：落叶或半常绿灌木，高 2–3 米。枝条铺展，小枝具短绒毛。叶薄革质，椭圆形至倒卵状长圆形，边缘微反卷，无毛。花序长 7–21 厘米；花白色，芳香，无梗；花冠筒与裂片等长；花药略伸出花冠外。核果椭圆形，紫黑色。花期 5–7 月，果期 8–11 月。

地理分布：中国华北、华东、华中、西南地区。

生长习性：喜光，稍耐阴；喜温暖湿润环境，亦耐寒，耐干旱；对土壤适应性强；对各种有毒气体抗性均强；萌芽力、根蘖力强，耐修剪。

繁殖方法：扦插、分株、播种繁殖。

园林用途：多作为绿篱植于广场、草坪、林缘，是优良的抗污染树种，适宜公路及厂矿企业绿化。

金叶女贞 *Ligustrum × vicaryi Rehder*

别名：金边女贞。

识别要点：落叶灌木，嫩枝带有短毛。叶革薄质，单叶对生，椭圆形或卵状椭圆形，嫩叶黄色，后渐变为黄绿色。花白色，芳香，总状花序，花为两性；核果紫黑色，椭圆形，内含一粒种子。花期 5–6 月，果期 10 月。

地理分布：原产于美国加利福尼亚州；中国于 20 世纪 80 年代引种栽培。分布于中国华北南部、华东、华南等地区。

生长习性：喜光，稍耐阴，适应性强；抗干旱，病虫害少，萌芽力强；生长迅速，耐修剪。

繁殖方法：嫁接、扦插、分株、播种繁殖。

园林用途：叶色金黄，观赏性较佳。盆栽可用于门廊或厅堂处摆放观赏；园林中常片植或丛植，或作为绿篱栽培。

连翘属

连翘 *Forsythia suspensa* (Thunb.) Vahl

别称：黄花杆、黄寿丹。

识别要点：落叶丛生灌木。枝开展，拱形下垂，小枝土黄色或灰褐色，略呈四棱形，节间中空，节部具实心髓。叶片卵形。花通常单生或 2 至数朵着生于叶腋，先于叶开放；果卵球形、卵状椭圆形或长椭圆形。花期 3–4 月，果期 7–9 月。

地理分布：中国河北、山西、陕西、山东、安徽西部、河南、湖北、四川地区。

生长习性：喜光，略耐阴；耐寒，耐干旱、瘠薄，忌积水；喜肥沃、排水良好的沙质土壤；抗病虫害能力强；根系发达。

繁殖方法：用播种、扦插压条和分株繁殖皆可，以扦插繁殖为主。

园林用途：是北方常见的早春观花灌木，宜丛植于路旁、溪边、草坪、角隅、岩石假山下，也可做基础种植或花篱用。

丁香属

紫丁香 *Syringa oblata* **Lindl.**

别名：丁香、龙梢子、华北紫丁香。

识别要点：落叶灌木或小乔木。树皮灰褐色。叶片革质，卵形、倒卵形或披针形；圆锥花序直立，由侧芽抽生，近球形；花冠紫色，裂片呈直角开展；花药黄色。果倒卵状椭圆形，先端长渐尖，光滑。花期5-6月，果期6-10月。

地理分布：原产于我国华北地区；广泛栽培于世界各温带地区。

生长习性：喜光，稍耐阴；喜温暖、湿润，有一定的耐寒性和较强的耐旱力；对土壤的要求不严，耐瘠薄，喜肥沃、排水良好的土壤。

繁殖方法：可播种、扦插、嫁接、分株、压条繁殖。

园林用途：花具独特的芳香，广泛栽植于庭园、机关、厂矿、居民区等地；常丛植于建筑前、茶室凉亭周围；散植于园路两旁、草坪之中；与其他种类丁香配植成专类园。

羽叶丁香 *Syringa pinnatifolia* Hemsl.

别名：复叶丁香。

识别要点：落叶灌木。树皮呈片状剥裂；枝灰棕褐色，小枝近圆柱形或带四棱形，具皮孔，无毛。奇数羽状复叶，小叶片对生，卵状披针形.圆锥花序侧生，花冠白色、淡红色，略带淡紫色，裂片卵形、长圆形或近圆形；蒴果长圆形，先端凸尖，光滑。花期5月，果期8月。

地理分布：中国特有种，产于中国内蒙古和宁夏交界的贺兰山地区，以及陕西南部、甘肃、青海东部和四川西部地区。

生长习性：阳性树种，具有喜光、耐寒、抗风等特性，多生于海拔2 000–2 800米间的向阳山坡灌丛中或郁闭度较小的针阔叶混交林下。

繁殖方法：嫁接、扦插、播种、分株繁殖，一般多用播种和分株法繁殖。

园林用途：盛开时，硕大而艳丽的花序布满全株，芳香四溢，观赏效果甚佳，是园林绿化中著名的观赏花木，可丛植或孤植于路边、草地及庭园中，或建成颇具特色的丁香园，还可用作插花材料。

茉莉属

迎春花 *Jasminum nudiflorum* Lindl.

别名：迎春、黄素馨、金腰带。

识别要点：落叶灌木，直立或匍匐，枝条下垂。枝稍扭曲，光滑无毛，小枝四棱形。叶对生，三出复叶；叶轴具狭翼，小叶片卵形、长卵形或椭圆形，叶缘反卷；单叶为卵形或椭圆形。花单生于去年生小枝的叶腋，稀生于小枝顶端；花冠黄色。通常不结果。花期2-4月。

地理分布：世界各地普遍栽培。

生长习性：喜光，稍耐阴，略耐寒，怕涝，要求温暖而湿润的气候、疏松肥沃和排水良好的砂质土，在酸性土中生长旺盛，在碱性土中生长不良。根部萌发力强，枝条着地部分极易生根。

繁殖方法：扦插、嫁接、分株繁殖均可。

园林用途：宜配植在湖边、溪畔、桥头、墙隅，或在草坪、林缘、坡地，房屋周围也可栽植，可供早春观花。

卫矛科

卫矛属

大叶黄杨 *Euonymus japonicus* **Thunb.**

别名：冬青卫矛、正木。

识别要点：常绿灌木或小乔木。小枝绿色，稍有四棱。叶对生，厚革质，有光泽，椭圆形至倒卵形，先端尖，锯齿钝；花绿白色，4 基数。蒴果扁球形，四瓣裂。种子有橘红色假种皮。花期 5–6 月，果期 9–10 月。

地理分布：原产日本南部地区，现广为栽培。

生长习性：喜温暖、湿润的海洋性气候，有一定的耐寒性；不耐水湿；萌芽力强，极耐修剪。

繁殖方法：扦插繁殖，也可播种、压条、嫁接繁殖。

园林用途：园林中最常见的观赏树种。可作为绿篱，也适于整形修剪成方形、圆形、椭圆形等各式几何形体，或对植于门前、入口两侧，或植于花坛中心，或列植于道路、亭廊两侧、建筑周围，或点缀于草坡、桥头、树丛前，均甚美观。

金边黄杨 *Euonymus japonicus* Thunb. var. aureo-marginatus Hort.

别名：金边冬青卫矛。

识别要点：常绿灌木或小乔木。老干褐色，小枝略为四棱形，枝叶密生。树冠球形。单叶对生，倒卵形或椭圆形，边缘具钝齿，羽状网脉明显，表面深绿色，叶缘金黄色，有光泽。聚伞花序腋生，具长梗，花绿白色。蒴果球形，淡红色，假种皮橘红色。花期5-6月，果期9-10月。

地理分布：我国南北各地均有栽培，长江流域以南地区尤多。

生长习性：喜光，喜温暖，耐阴，耐旱，耐寒；萌芽力和发枝力强，耐修剪；耐瘠薄，对土壤要求不严，但以中性、肥沃土壤生长最佳。

繁殖方法：以扦插繁殖为主，可常年进行；亦可播种、压条繁殖。

园林用途：优秀的园林绿化观叶彩色灌木，叶色光泽，边缘金黄，而且极耐修剪，为庭院中常见的绿篱树种，可经整形环植门道边或于花坛中心栽植，亦可与其他小灌木做成色块，丰富园林色彩。

丝棉木 *Euonymus maackii Rupr.*

别名：白杜、明开夜合、华北卫矛。

识别要点：落叶小乔木。树冠圆形与卵圆形，幼时树皮灰褐色、平滑，老树纵状沟裂。叶对生，卵形至卵状椭圆形，先端长渐尖，基部近卵形，边缘有细锯齿，叶柄细长，叶片下垂，秋季叶色变红。聚伞花序，淡白绿色或黄绿色；雄蕊花药紫红色，花丝细长。蒴果倒圆心状，4浅裂，成熟后果皮粉红色；种子长椭圆状，种皮棕黄色，假种皮橙红色，全包种子，成熟后顶端常有小口。花期5月，果期10月。

地理分布：产地区域广阔，北起黑龙江包括华北、内蒙古各省区，南到长江南岸各省区。

生长习性：喜光，稍耐阴，耐寒；对土壤要求不严，耐干旱，也耐水湿，以肥沃、湿润且排水良好之土壤生长最好；根系深而发达，能抗风；根蘖萌发力强，生长速度中等偏慢；对二氧化硫的抗性中等。

繁殖方法：以播种、扦插繁殖为主。

园林用途：枝叶秀丽，宜植于园林绿地中观赏，也可植于湖岸、溪边构成水景。

扶芳藤 *Euonymus fortunei* (Turcz.) Hand.-Mazz.

别称：金线风、九牛造、靠墙风、络石藤、爬墙草、爬墙风。

识别要点：常绿藤本灌木。叶长卵形至椭圆状倒卵形，革质。聚伞花序；小聚伞花密集，有 4~7 朵花，分枝中央有单花，花白绿色，花盘方形，花丝细长，花药圆心形；子房三角锥状。蒴果粉红色，果皮光滑，近球状，种子长方椭圆状，棕褐色，假种皮鲜红色，全包种子。花期 6~7 月，果期 10 月。

生长习性：性喜温暖、湿润环境，喜阳光，亦耐阴；对土壤适应性强，在酸碱及中性土壤中均能正常生长，可在砂石地、石灰岩山地栽培；生长快，极耐修剪，冬季较耐寒；能抗有害气体，可作为空气污染严重的工矿区环境绿化树种。

地理分布：产于中国江苏、浙江、安徽、江西、湖北、湖南、四川、陕西等省。

繁殖方法：扦插繁殖。

园林应用：地面覆盖的最佳绿化观叶植物，有很强的攀缓能力，常用于掩盖墙面、山石，或攀缓在花格之上，形成一个垂直绿色屏障。

黄杨科

黄杨属

黄杨 *Buxus sinica* (Rehd. et Wils.) Cheng

别名：黄杨木、瓜子黄杨。

识别要点：灌木或小乔木。枝圆柱形，有纵棱，灰白色；小枝四棱形。叶革质，阔椭圆形，叶面光亮，中脉凸出，下半段常有微细毛。花序腋生，头状，花密集，雄花约 10 朵，无花梗，外萼片卵状椭圆形，雄蕊连花药长 4 毫米；不育雌蕊有棒状柄，末端膨大，雌花萼片长 3 毫米，子房较花柱稍长，无毛。蒴果近球形。花期 3 月，果期 5–6 月。

地理分布：广泛分布于中国各省。

生长习性：耐阴，喜光，喜湿润，但忌长时间积水；耐旱，耐热，耐寒；对土壤要求不严，以疏松、肥沃的砂质壤土为佳，耐碱性较强；分蘖性极强，耐修剪，易成型。

繁殖方法：播种、扦插繁殖。

园林应用：一般用作绿篱树种或修剪成球形，也可植于疏林，做林下或林缘布置，也常与其他彩叶灌木组成色块。

海桐科

海桐花属

海桐 *Pittosporum tobira* (Thunb.) Ait.

别名：海桐花、山矾、七里香、宝珠香、山瑞香。

识别要点：常绿灌木。树冠圆球形。叶倒卵状椭圆形，先端圆钝或微凹。伞形花序或伞房状伞形花序顶生或近顶生，花白色或黄绿色，有芳香。蒴果圆球形，种子鲜红色，有黏液。花期3-5月，果期9-10月。

地理分布：产自中国东南沿海和日本、朝鲜地区，中国山东可露地越冬。

生长习性：喜光，喜温暖气候和肥沃、湿润土壤，稍耐寒；对土壤要求不严，不耐水湿；萌芽力强，耐修剪；抗海风，抗二氧化硫等有毒气体。

繁殖方法：播种或扦插繁殖。

园林用途：常用观赏树种。常用作绿篱和基础种植材料，修剪成球形用于园林点缀，孤植、丛植于草坪边缘，或对植于入口处，列植于路旁、台坡等。

忍冬科

忍冬属

金银木 *Lonicera maackii* (Rupr.) Maxim.

别名：金银忍冬、胯杷果。

识别要点：落叶灌木，高达 5 米。小枝髓心中空，幼时被短柔毛。单叶对生，全缘，叶两面疏生柔毛。花两性，成对腋生，总花梗短于叶柄，苞片线形；花冠唇形，唇瓣长为花冠筒的 2-3 倍，先白色后变黄色，有芳香，雄蕊 5 枚。浆果红色，球形。花期 5 月，果期 8-10 月。

地理分布：产于长江流域及其以北地区。

生长习性：喜强光，耐阴，耐寒，耐旱，耐水湿；喜湿润、肥沃土壤；萌芽、萌蘖力强。

繁殖方法：播种、扦插繁殖。

园林用途：是一种花果兼赏的优良花木，枝叶扶疏，初夏满树繁花，秋季红果满枝、晶莹可爱，是良好的观花、观果树种。可孤植、丛植于草坪、路边、林缘、建筑物周围。花可提取芳香油，全株可入药，亦为优良的蜜源植物。

金银花 *Lonicera japonica* Thunb.

别名：金银藤、银藤、二色花藤、二宝藤、右转藤、子风藤。

识别要点：半常绿缠绕藤本。小枝细长，中空，藤为褐色。卵形叶对生，枝叶均密生柔毛和腺毛。夏季开花，苞片叶状，唇形花有淡香，外面有柔毛和腺毛，雄蕊和花柱均伸出花冠，花色初为白色，渐变为黄色。浆果球形，熟时黑色。开放花朵筒状。花期 5–7 月（秋季亦常开花），果熟期 8–10 月。

地理分布：产自我国辽宁、华北、华中、华东及西南地区，朝鲜、日本亦有分布。

生长习性：适应性很强，喜阳，耐阴，耐寒性强，也耐干旱和水湿，对土壤要求不严，每年春夏两次发梢；根系繁密发达，萌蘖性强。

繁殖方法：可用播种、插条和分根等方法繁殖。

园林用途：适合于在林下、林缘、建筑物北侧等处做地被栽培，可绿化矮墙，亦可以利用其缠绕能力制作花廊、花架、花栏、花柱及缠绕假山石等。

荚蒾属

日本珊瑚树 *Viburnum odoratissimum ker-Gawl.*

别称：法国冬青、珊瑚树。

识别要点：常绿灌木或小乔木。树冠倒卵形，枝干挺直，树皮灰褐色。叶对生，表面暗绿色，常年苍翠欲滴。叶倒卵形、长圆形、椭圆形。圆锥花序通常生于幼枝顶端。果核通常卵圆形。花期5–6月，果期9–10月。

地理分布：中国长江下游各地常见栽培。

生长习性：喜温暖湿润性气候，喜光，耐阴；适应性强，喜欢肥沃的土壤，在湿润、排水性良好的酸性土壤中生长良好；萌芽力强，耐修剪，易整形。

繁殖方法：主要通过扦插、播种等方法繁殖。

园林用途：是理想的园林绿化树种，对煤烟和有毒气体具有较强的抗性和吸收能力，尤其适合做城市绿篱、绿墙或园景丛植，是机场绿化、高速路绿化、居民区绿化、厂区绿化、防护林带、庭院绿化的优选树种。

无患子科

栾树属

栾树 *Koelreuteria paniculata* Laxm.

识别要点：落叶乔木。树皮灰褐色，细纵裂。一至二回羽状复叶，互生，小叶卵形或卵状椭圆形，有不规则粗齿或羽状深裂。顶生圆锥花序，宽而疏散，长达 40 厘米，花金黄色，稍芬芳，花瓣 4，不整齐，开花时向外反折，线状长圆形。蒴果三角状卵形，具 3 棱，果皮膜质膨大，果瓣卵形，外面有网纹，内面平滑且略有光泽；种子近球形。花期 6-8 月，果期 10-11 月。

地理分布：产于中国北部及中部省区；世界各地有栽培。

生长习性：喜光，稍耐半阴，耐寒；不耐水淹，耐干旱和瘠薄，对环境的适应性强，喜碱性土壤，耐盐渍及短期水涝；有一定的抗烟尘和抗风能力。

繁殖方法：以播种繁殖为主，分蘖或根插繁殖亦可。

园林用途：适于作为庭荫树、行道树及园景树，也可用作防护林、水土保持及荒山绿化树种。

黄山栾 *Koelreuteria bipinnata* var. *integrifoliola* (Merr.) T. Chen

别名： 全缘叶栾树、山膀胱。

识别要点： 落叶乔木，树皮暗灰色，片状剥落。二回羽状复叶，小叶全缘，仅萌蘖枝上的叶有锯齿或缺裂。花黄色，顶生圆锥花序，花瓣4，开花时向外反折，橙红色，有参差不齐的深裂。蒴果椭圆形或近球形，顶端钝而有短尖，果皮膜质膨大，似红色灯笼挂满树梢；种子近球形。花期8–9月，果期10–11月。

地理分布： 产于中国北部及中部省区；世界各地有栽培。

生长习性： 喜光，幼龄期耐阴；喜温暖湿润气候，耐寒性差；对土壤要求不严，在微酸性、中性土中均能生长；深根性，不耐修剪。

繁殖方法： 以播种繁殖为主，分根育苗亦可。

园林用途： 枝叶繁茂，冠大荫浓，初秋开花，金黄夺目，不久就有红色灯笼似的果实挂满树梢，十分美丽。适于作为庭荫树、行道树及园景树栽植，也可用于居民区、工厂区及农村"四旁"绿化。

文冠果属

文冠果 *Xanthoceras sorbifolium* Bunge

别名：文官果。

识别要点：灌木或小乔木。奇数羽状复叶互生，狭椭圆形，有锐锯齿，先端尖。总状花序顶生，花梗纤细，花白色，内侧有黄色变紫红的斑纹；裂片背面各有一橙黄色角状附属物。蒴果椭球形，长达 6 厘米。种子球形，黑色且有光泽。花期 4-5 月，果期 7-8 月。

地理分布：产于中国东北、华北和西北地区。

生长习性：喜光，也耐半阴，耐寒；对土壤要求不严，以中性沙质壤土最佳，耐干旱、瘠薄，耐轻度盐碱，在低湿地生长不良；根系发达，生长迅速；萌芽力强。

繁殖方法：播种繁殖，春播或秋播均可，也可根插育苗。

园林用途：春天白花满树，是优良的观花树种，可配植于草坪、路边、山坡，也用于荒山绿化，是华北地区重要的木本油料树种。

山茱萸科

山茱萸属

山茱萸 *Cornus officinalis* Sieb. et Zucc.

别称： 山萸肉、肉枣、鸡足、萸肉、药枣、天木籽、实枣儿。

识别要点： 落叶乔木或灌木，树皮灰褐色。叶对生，全缘，纸质，卵状椭圆形，叶端渐尖。先花后叶，伞形花序腋生，有 4 小总苞片，卵圆形，褐色；花萼 4 裂，裂片宽三角形；花瓣 4 枚，卵形，黄色。核果椭圆形，熟时红色。花期 5–6 月，果期 8–10 月。

地理分布： 产于我国山西、陕西、甘肃、山东、江苏、浙江、安徽、江西、河南、湖南等省；朝鲜、日本也有分布。

生长习性： 阳性树种，喜温暖气候，抗寒性强，怕高温、干旱，耐阴但又喜充足的光照；宜栽于排水良好、富含有机质、肥沃的砂壤土中。

繁殖方法： 播种、压条、扦插、嫁接繁殖。

园林用途： 配植于林缘或丛植于山麓坡地及自然风景区中，颇具野趣。在山石岩迹、假山石边点缀一二，并整其形，使与主景相协调，亦甚美观，也可群植于草坪周侧或林缘。

梾木属

毛梾 *Swida walteri* (Wanger.) Sojak

别称：车梁木、小六谷。

识别要点：落叶乔木。树皮厚，暗灰色，纵裂而又横裂成块状。叶对生，纸质，卵形至椭圆形。伞房状聚伞花序顶生，花密，花白色，有香味；花瓣4枚，长圆披针形。核果近球形，成熟时黑色。花期5–6月，果期9–10月。

地理分布：我国南北多省区均有分布。

生长习性：喜光树种。喜深厚、肥沃、湿润土壤，较耐干旱、瘠薄，在中性、酸性及微碱性的石灰岩山上均能正常生长；深根性，根系发达，萌芽性强；耐寒性强，能忍受 –23℃的低温和43℃高温。

繁殖方法：以种子繁殖为主，也可用根插、嫁接、萌芽更新繁殖。

园林用途：是优良的园林绿化树种，可作为风景林树种或行道树栽培，也可作为庭院的庭荫树，孤植、列植、群植均可。

石榴科

石榴属

石榴 *Punica granatum* L.

别名：安石榴、山力叶、丹若、金罂。

识别要点：落叶灌木或小乔木。幼枝四棱形，顶端多为刺状。单叶，通常对生或簇生，无托叶，叶倒卵状长椭圆形。花顶生或近顶生，单生或几朵簇生或组成聚伞花序，近钟形；花瓣红色、白色或黄色，多皱。浆果近球形，顶端有宿存花萼裂片。种子多数，外种皮肉质，多汁；内种皮为角质。花期5-6月，果熟期9-10月。

地理分布：原产于巴尔干半岛至伊朗，全球温带和热带都有种植。

生长习性：喜温暖、向阳的环境，耐旱，耐寒，也耐瘠薄，不耐涝和荫蔽；对土壤要求不严，但以排水良好的夹沙土栽培为宜。

繁殖方法：以扦插繁殖为主，播种、分株、压条、嫁接繁殖均可。

园林用途：庭院中多植，也可植为园路树。在大型公园中，可结合生产群植。矮生品种可植为绿篱，或配植于山石间，还可做盆栽观赏。

柽柳科

柽柳属

柽柳 *Tamarix chinensis* Lour.

别名：垂丝柳、西河柳、西湖柳、红柳、阴柳。

识别要点：落叶乔木或灌木。老枝直立，暗褐红色；幼枝稠密、细弱，常开展而下垂，红紫色或暗紫红色；嫩枝繁密、纤细，悬垂。叶鲜绿色，丛生木质化。总状花序侧生在生木质化的小枝上，花瓣粉红色，通常卵状椭圆形。蒴果圆锥形。花期4-5月、6-7月、8-9月各一次。

地理分布：野生于辽宁、河北、河南、山东、江苏、安徽等地；栽培于我国东部至西南部各省区。日本、美国也有栽培。

生长习性：深根性，生长快，萌芽力强。有抗旱、抗涝、抗盐碱、抗沙荒地的能力，能在含盐量1%的重盐碱地中生长。

繁殖方法：主要有扦插、播种、压条、分株及试管繁殖。

园林用途：枝叶纤细悬垂，婀娜可爱，一年开花三次，鲜绿叶粉红花相映成趣，多栽于庭院、公园等处做观赏用。

大戟科

乌桕属

乌桕 *Sapium sebiferum* (L.) Roxb.

别名： 柏子树、蜡子树。

识别要点： 落叶乔木。小枝细；叶互生，全缘，菱形或菱状卵形，基部宽楔形或钝，两面光滑无毛，叶柄顶端有2腺体。花单性，穗状花序，雌雄同序，聚集成顶生的总状花序，雌花通常生于花序轴最下部或罕有雄花在雌花下部着生，雄花生于花序轴上部或有时整个花序全为雄花，花黄绿色，无花瓣。种子黑色，外被白色蜡质的假种皮。花期4-8月。

地理分布： 我国黄河以南各省，北达陕西、甘肃地区。

生长习性： 喜光，要求温暖湿润气候；对土壤要求不严，具有一定的耐盐性；深根性，侧根发达；抗风，抗毒气（氟化氢），生长快。

繁殖方法： 播种繁殖。

园林用途： 适于丛植、群植，也可孤植，最宜与山石、亭廊、花墙相配，也可植于池畔。

千屈菜科

紫薇属

紫薇 Lagerstroemia indica L.

别名：痒痒树、百日红、无皮树。

识别要点：落叶灌木或小乔木。树皮平滑，灰色或灰褐色；枝干多扭曲，小枝纤细；叶互生或有时对生，纸质，椭圆形、阔矩圆形或倒卵形，顶端短尖或钝形，有时微凹，基部阔楔形或近圆形；花淡红色、紫色、白色，直径 3-4厘米，常组成 7-20 厘米的顶生圆锥花序；蒴果椭圆状球形或阔椭圆形，种子有翅。花期 6-9 月，果期 9-12 月。

地理分布：原产于亚洲，中国华东、华中、华南及西南地区均有栽培。

生长习性：半阴生，喜生于肥沃、湿润的土壤中，也能耐旱，不论钙质土或酸性土都能生长良好。

繁殖方法：播种、扦插、分株、压条、嫁接繁殖。

园林用途：花色鲜艳、美丽，花期长，寿命长，可栽植于建筑物前、院落内、池畔、河边、草坪旁及公园小径旁，同时也是制作盆景的好材料。

瑞香科

结香属

结香 *Edgeworthia chrysantha*

别名： 打结花、打结树、黄瑞香、家香、喜花、梦冬花。

识别要点： 落叶灌木。小枝粗壮，褐色，常作三叉分枝，幼枝常被短柔毛，极柔软而坚韧，叶痕大，直径约5毫米。叶在花前凋落，长圆形、披针形至倒披针形，先端短尖，基部楔形或渐狭。头状花序顶生或侧生，具花30–50朵成绒球状，外围以10枚左右被长毛而早落的总苞；花芳香，无梗，黄色。果卵形，顶端被毛。花期12月–翌年3月，果期5–6月。

地理分布： 产于河南、陕西及长江流域以南诸省区，北自河南、陕西，南至长江流域以南各省区均有分布。

生长习性： 温带树种，喜温暖气候，但亦能耐-20℃以内的冷冻，在北京以南地区可室外越冬，只是在冬季-20℃至-10℃的地方，花期要推迟至3月至4月。

繁殖方法： 可分株、扦插、压条繁殖。

园林用途： 姿态优雅，柔枝可打结，适植于庭前、路旁、水边、石间、墙隅。

漆树科

盐肤木属

火炬树 *Rhus Typhina* Nutt

别名： 鹿角漆、火炬漆、加拿大盐肤木。

识别要点： 落叶小乔木，分枝少，小枝粗壮，密生长绒毛。羽状复叶，小叶长椭圆状至披针形，缘有锯齿，先端长渐尖。雌雄异株，圆锥花序顶生，密生茸毛，花淡绿色，雌花花柱有红色刺毛。核果深红色，密生绒毛，密集成火炬形。花期 6–7 月，果期 8–9 月。

地理分布： 原产北美地区，现欧洲、亚洲及大洋洲许多国家都有栽培。

生长习性： 喜光，耐寒；对土壤适应性强，耐干旱、瘠薄，耐水湿，耐盐碱；根系发达，萌蘖性强；浅根性，生长快，寿命短。

繁殖方法： 可播种、根插、根蘖繁殖。

园林用途： 秋季叶色红艳或橙黄，是著名的秋色叶树种，主要用于荒山绿化兼做盐碱荒地风景林树种，可用来防火、固堤、护坡。

鼠李科

枣属

枣 *Ziziphus jujuba* Mill.

别名：枣子、大枣、刺枣、贯枣。

识别要点：落叶乔木，稀灌木。树皮褐色，枝平滑无毛，具成对的针刺，直伸或钩曲，幼枝纤弱而簇生，颇似羽状复叶，小枝常呈"之"字形曲折。叶纸质，卵形，边缘具圆齿状锯齿；托叶刺纤细，后期常脱落。花黄绿色，两性，单生聚伞花序。核果矩圆形，成熟时红色，后变红紫色；种子扁椭圆形。花期5–6月，果期9–10月。

地理分布：原产中国，在亚洲、欧洲和美洲地区常有栽培。

生长习性：喜温，耐旱、耐涝性较强，喜光性强，对光反应较敏感，对土壤适应性强，耐贫瘠，耐盐碱。

繁殖方法：以分株和嫁接繁殖为主，部分品种也可播种繁殖。

园林用途：枝梗劲拔，翠叶垂荫，果实累累；宜在庭园、路旁散植或成片栽植，亦是结合生产的好树种；其老根古干可做树桩盆景。

锦葵科

木槿属

木槿 *Hibiscus syriacus* Linn.

别名：木棉、荆条、朝菌。

识别要点：落叶灌木。小枝密被黄色星状绒毛，后脱落。叶菱形至三角状卵形，具深浅不同的 3 裂或不裂，先端钝，基部楔形，边缘具不整齐齿缺。花两性，单生于枝端叶腋间，花萼钟形；花紫色、白色或红色，单瓣或复瓣或重瓣，花形呈钟状；花丝合生成筒状。蒴果卵圆形；种子肾形。花期 7–10 月，果熟期 9–10 月。

地理分布：我国东北南部至华南、西南。

生长习性：喜光，稍耐阴；喜温暖湿润，耐寒性颇强；耐干旱\瘠薄，不耐积水。萌芽力强，耐修剪。抗污染，对二氧化硫、烟尘抗性均强。

繁殖方法：播种、扦插、压条繁殖。

园林用途：夏秋季开花，花期长而花朵大，是优良的花灌木。园林中宜作为花篱，或丛植于草坪、林缘、池畔、庭院各处。抗污染，可用于工矿区绿化，并常植于城市街道的分车带中。

大花秋葵 *Hibiscus* grandiflorus Michx.

别名： 草芙蓉，芙蓉葵。

识别要点： 多年生草本宿根植物，落叶灌木状。茎粗壮直立，基部半木质化，具有粗壮肉质根。单叶互生，具有叶柄，叶大，三浅裂或不裂。花大，单生于枝上部叶腋间，花瓣5枚，有白、粉、红、紫等颜色。花期7–10月。蒴果扁球形，种子褐色，果期9–10月。

地理分布： 原产北美。

生长习性： 喜光的长日照植物，在高温和烈日暴晒下，开花旺盛，适应性较强，耐寒，耐旱，耐盐碱，极耐高温，略耐阴，耐水湿，对土壤要求不严，但以较疏松的砂壤土为宜。

繁殖方法： 播种、分株繁殖。

园林用途： 广泛用于园林绿化，丛植、列植于道路两旁或点缀于草坪，观赏效果较好。

锦葵属

锦葵 *Malva sinensis* Cavan.

别名：荆葵、钱葵、小钱花、金钱紫花葵。

识别要点：二年生或多年生直立草本植物，分枝多，疏被粗毛。叶圆心形或肾形，具5–7圆齿状钝裂片，基部近心形至圆形，边缘具圆锯齿；托叶偏斜，卵形，具锯齿，先端渐尖。花簇生，花紫红色或白色，花瓣5，匙形，先端微缺。果扁圆形，径5–7毫米，肾形，被柔毛；种子黑褐色，肾形，长2毫米。花期5–10月，果期8–11月。

地理分布：中国南北各城市常见的栽培植物，南自广东、广西，北至内蒙古、辽宁，东起台湾，西至新疆和西南各省区，均有分布。印度也有。

生长习性：适应性强，在各种土壤中均能生长，其中砂质土壤最适宜；耐寒，耐干旱，不择土壤，生长势强，喜阳光充足。

繁殖方法：以播种繁殖为主，也可分株繁殖。

园林用途：多用于花境造景，种植在庭院边角等地。

蜀葵属

蜀葵 *Althaea rosea* (Linn.) Cavan.

别名：一丈红、大蜀季、戎葵。

识别要点：二年生直立草本，茎枝密被刺毛。叶近圆心形，掌状5-7浅裂或波状棱角，裂片三角形或圆形，上面疏被星状柔毛，下面被星状长硬毛或绒毛。花腋生，单生或近簇生，排列成总状花序式；花大，有红、紫、白、粉红、黄和黑紫等色，单瓣或重瓣，花瓣倒卵状三角形。果盘状，直径约2厘米，被短柔毛，分果爿近圆形，多数，背部厚达1毫米，具纵槽。花期6-8月。

地理分布：原产中国西南地区，在中国分布很广，世界各地广泛栽培。

生长习性：喜阳光充足，耐半阴，但忌涝；耐盐碱能力强，耐寒冷，在华北地区可以露地越冬；在疏松、肥沃、排水良好、富含有机质的沙质土壤中生长良好。

繁殖方法：通常采用播种繁殖，也可进行分株和扦插繁殖。

园林用途：多用于花境造景。

杜仲科

杜仲属

杜仲 *Eucommia ulmoides* Oliver

别称： 丝楝树皮、丝绵皮、棉树皮、胶树。

识别要点： 落叶乔木，雌雄异株。树皮灰褐色，内含橡胶，折断拉开有多数细丝，老枝有明显的皮孔。叶椭圆形、卵形或矩圆形，薄革质，边缘有锯齿。花生于当年枝基部，雄花无花被，苞片倒卵状匙形；雌花单生，苞片倒卵形。翅果扁平，长椭圆形，周围具薄翅。坚果位于中央，稍突起，与果梗相接处有关节。种子扁平，线形。花期 4 月，果期 10–11 月。

地理分布： 中国特有树种。分布于陕西、甘肃、河南、湖北、四川、云南、贵州、湖南、安徽、江西、广西及浙江等省区，现各地广泛栽种。

生长习性： 喜温暖湿润气候和阳光充足的环境，不耐阴，能耐严寒，对土壤没有严格选择，有一定的耐碱性。

繁殖方法： 以播种繁殖为主，扦插、压条及分蘖繁殖均可。

园林用途： 枝叶繁茂，树形整齐，可作为庭荫树、行道树或片林种植。

紫葳科

凌霄属

凌霄 *Campsis grandiflora* (Thunb.) Schum

别名：紫葳、女藏花、凌霄花、中国凌霄、凌苕。

识别要点：攀缘藤本植物。茎木质，枯褐色，以气生根攀附于它物之上。叶对生，为奇数羽状复叶。顶生圆锥花序。花萼钟状，裂片披针形。花冠内面鲜红色，外面橙黄色。蒴果细长如豆荚，顶端钝。花期 6-8 月，果期 7-9 月。

地理分布：产于我国长江流域各地，以及河北、山东、河南等地，在台湾有栽培。日本也有分布，越南、印度、巴基斯坦西部均有栽培。

生长习性：喜充足阳光，也耐半阴。适应性较强，耐寒，耐旱，耐瘠薄，可在土质疏松、排水良好的土壤中良好生长，忌酸性土，忌积水。

繁殖方法：主要用扦插、压条繁殖，也可分株或播种繁殖。

园林用途：花大色艳，花期甚长，为庭园中棚架、花门之良好绿化材料；用于攀缘墙垣、枯树、石壁，均极适宜，是理想的城市垂直绿化材料。

梓树属

楸树 *Catalpa bungei* C. A. Mey.

别名：梓桐、金丝楸、旱楸蒜台、水桐。

识别要点：落叶乔木。树冠狭长倒卵形。树干通直，主枝开阔伸展。树皮灰褐色，小枝灰绿色。叶三角状卵形或卵状长圆形，顶端长渐尖，基部截形、阔楔形或心形，叶面深绿色。总状花序伞房状排列，顶生。花冠浅粉紫色，内有紫红色斑点。蒴果线形，种子狭长椭圆形。花期4–5月，果期6–10月。

地理分布：原产我国，分布较广，遍及暖温带及亚热带地区。

生长习性：喜光，不耐寒冷，适生于年平均气温10℃–15℃的环境；喜深厚、肥沃、湿润的土壤，不耐旱，不耐积水，忌地下水位过高，稍耐盐碱；耐烟尘，抗有害气体能力强。

繁殖方法：播种、扦插、埋根、嫁接繁殖。

园林用途：楸树树形优美、花大色艳、独具风姿，具有较高的观赏价值和绿化效果。楸树对二氧化硫、氯气等有毒气体有较强的抗性，能净化空气，是绿化城市、改善环境的优良树种。

梧桐科

梧桐属

梧桐 *Firmiana platanifolia* (L. f.) Marsili

别称： 青桐、桐麻。

识别要点： 落叶乔木。树干挺直，光洁，分枝高；树皮青绿，光滑，通常不裂。叶阔卵形，掌状 3–5 裂，裂片宽三角形，顶端渐尖，基部心形。圆锥花序，蓇葖果，种子球形，分果成熟前裂开呈小艇状，种子生在边缘。种子圆球形，表面有皱纹。花期 6 月，果期 10–11 月。

地理分布： 产于我国南北各省，华北至华南、西南地区广泛栽培，尤以长江流域为多。

生长习性： 喜光，喜温暖、湿润，耐寒性不强；喜肥沃、湿润、深厚且排水良好的土壤，不耐盐碱；对多种有毒气体都有较强抗性。

繁殖方法： 通常用播种繁殖，扦插、分根繁殖也可。

园林用途： 梧桐是一种优美的观赏植物，点缀于庭园、宅前，也种植作为行道树。

胡桃科

胡桃属

胡桃楸 *Juglans mandshurica*

别名：楸子、山核桃。

识别要点：落叶乔木。枝条扩展，树冠广卵形；树皮灰色，具浅纵裂。奇数羽状复叶，小叶椭圆形或矩圆形，边缘具细锯齿；叶痕呈"猴脸"形。雄性葇荑花序长 9–20 厘米，雄花具短花柄；雌性穗状花序具 4–10 雌花，雌花柱头鲜红色。果实球状、卵状或椭圆状，顶端尖，密被腺质短柔毛。花期 4–5 月，果期 9–11 月。

地理分布：中国主要分布于小兴安岭、完达山脉、长白山区及辽宁东部地区，多散生于海拔 300–800 米的沟谷两岸及山麓。

生长习性：喜冷凉、干燥气候，能耐 –40℃严寒；不耐阴，向阳栽培。

繁殖方法：播种、扦插、压条繁殖。

园林用途：树干通直，枝叶茂密，可作为庭荫树，可孤植、丛植于草坪，或列植路边均合适。

核桃 *Juglans regia* L.

别名：胡桃。

识别要点：乔木。树冠开阔，树皮银灰色；小枝粗壮，近无毛。奇数羽状复叶，小叶通常是 5–9 枚，稀 3 枚，椭圆状卵形或长椭圆形，顶生小叶常具长 3–6 厘米的小叶柄。雄性柔荑花序下垂，雌性穗状花序通常具 1–3（4）雌花。雌花的总苞被极短腺毛，柱头浅绿色。果序短，具 1–3 果实；核果球形，果核稍具皱曲，有 2 条纵棱，顶端具短尖头，隔膜较薄。花期为 5 月，果期为 10 月。

地理分布：原产于中亚地带，主要分布在美洲、欧洲和亚洲很多地区；中国各地均有种植。

生长习性：喜肥沃、湿润的沙质壤土，常见于山区河谷两旁土层深厚处。

繁殖方法：播种、嫁接繁殖。

园林用途：核桃树冠雄伟、树干洁白、枝叶繁茂、绿荫盖地，在园林中可用作道路绿化，有防护作用。

枫杨属

枫杨 *Pterocarya stenoptera* C. DC.

别名：枰柳、麻柳、枰伦树、水麻柳、蜈蚣柳。

识别要点：落叶乔木。幼树树皮平滑，浅灰色，老时则深纵裂。叶多为偶数或稀奇数羽状复叶。雄性荑黄花序单独生于去年生枝条上叶痕腋内，雌性荑黄花序顶生。果实长椭圆形，基部常有宿存的星芒状毛；果翅狭，条形，具近于平行的脉。花期 4–5 月，果熟期 8–9 月。

地理分布：在我国长江流域和淮河流域最为常见，培育繁殖基地在江苏、浙江、山东、湖南等地。

生长习性：喜光树种，不耐庇荫；耐湿性强，但不耐长期积水和水位太高之地；萌芽力很强，生长很快；对有害气体二氧化硫及氯气的抗性弱。

繁殖方法：种子繁殖。种子采回后可当年播种，也可去翅晒干后袋藏或拌沙储藏，至来年春季播种。

园林用途：是常见的庭荫树和防护树种。

壳斗科

栗属

板栗 *Castanea mollissima* **Blume**

别名： 栗、魁栗、毛栗、锥栗。

识别要点： 落叶乔木，高达 20 米。单叶互生，薄革质，椭圆或长椭圆状，长 9–18 厘米，宽 4–7 厘米，边缘有刺毛状齿。花单性，雌雄同株，雄花为直立荑黄花序，雌花单独或数朵生于总苞内。坚果包藏在密生尖刺的总苞内，总苞直径 5–11 厘米，一个总苞内有 1–3 个坚果。花期 5–6 月，果期 9–10 月。

地理分布： 原产于中国，分布于北半球的亚洲、欧洲、美洲和非洲地区。

生长习性： 板栗为喜光树种，尤其开花和结果期间，光照不足易引起生理落果，如长期遮阴会使内腔树叶发黄、枝条细弱甚至枯死。

繁殖方法： 主要为播种育苗和嫁接繁殖。

园林用途： 树冠开张，枝叶茂密，浓荫奇果都很可爱，可作为庭荫树，亦可孤植、丛植于草坪。

玄参科

地黄属

地黄 *Rehmannia glutinosa* (Gaetn.) Libosch. ex Fisch. et Mey.

别名：生地、小鸡喝酒。

识别要点：多年生草本植物。叶通常在茎基部集成莲座状，叶片卵形，上面绿色，下面略带紫色，边缘具不规则圆齿，基部渐狭成柄；花具长 0.5-3 厘米之梗，梗细弱，在茎顶部略排列成总状花序，或几乎全部单生叶腋而分散在茎上；花冠筒状，外面紫红色，被细长柔毛；花冠裂片 5 枚，先端钝或微凹；花柱顶部扩大成 2 枚片状柱头。蒴果卵形至长卵形。花果期 4-7 月。

地理分布：中国各地及国外均有栽培。

生长习性：喜凉爽气候，怕高温；喜阳光充足，怕阴雨；喜"黄墒"，怕水淹；适宜肥沃松软的砂质土壤。

繁殖方法：以根茎繁殖为主。

园林用途：花序花形优美，可在花境、花坛、岩石园中应用，可作为自然式花卉布置。

婆婆纳属

婆婆纳 *Veronica didyma* Tenore

别名：豆豆蔓。

识别要点：铺散多分枝草本植物，有短柔毛。叶片心形至卵形，每边有2–4个深刻的钝齿，两面被白色长柔毛。总状花序很长；花冠淡紫色、蓝色、粉色或白色，直径4–5毫米，裂片圆形至卵形；蒴果近于肾形，密被腺毛。种子背面具横纹。花期3–10月。

地理分布：原产于西亚，广布于欧亚大陆北部和世界温带和亚热带地区。

生长习性：喜光，耐半阴，忌冬季湿涝；对水肥条件要求不高，但喜肥沃、湿润、深厚的土壤。

繁殖方法：播种繁殖。

园林用途：婆婆纳适合花坛地栽，在冬春季草花花坛中应用效果良好，较好地解决了花坛裸露地表的问题，是一种值得推广的地被植物，也可作为边缘绿化植物。

泡桐属

紫花泡桐 *Paulownia tomentosa* (Thunb.) Steud.

别名：毛泡桐、绒叶泡桐、紫花桐。

识别要点：落叶乔木。小枝粗壮，髓心中空。树皮褐灰色，树冠宽卵形或圆形，具典型的假二叉分枝特性。聚伞状圆锥花序顶生，花蕾近球形；萼5裂，密被锈黄色毛；花冠5裂，钟状，鲜紫色或蓝紫色；子房2室，花柱细长。蒴果卵形，外被乳头状腺、黏手，果皮较薄。花期5-6月，果期8-9月。

地理分布：原产我国长江流域，现全国各地广泛栽培，黄河流域至长江流域栽培较多。朝鲜、日本也有栽培。

生长习性：喜光，不耐阴；适生于肥沃、深厚、排水良好的石灰质土壤中，在干燥砂壤土中也能生长；怕涝，幼苗耐寒力弱；耐烟尘。

繁殖方法：播种、埋根、留根繁殖。

园林用途：紫花泡桐树干端直、冠大荫浓，先叶开放的花朵色彩绚丽，宜作为庭荫树和行道树；其叶大而多，能吸附灰尘，净化空气，抗有毒气体，故特别适于工厂绿化。

冬青科

冬青属

枸骨 *llex cornuta* Lindl. et Paxt.

别名：猫儿刺、老虎刺、八角刺、鸟不宿、狗骨刺、猫儿。

识别要点：树皮灰白色。叶片厚革质，四角状长圆形或卵形，先端具 3 枚尖硬刺齿。花序簇生于二年生枝的叶腋内。果球形，成熟时鲜红色，顶端宿存柱头盘状。花期 4–5 月，果期 10–12 月。

地理分布：我国江苏、上海、安徽、浙江、江西、湖北、湖南、昆明等城市庭园有栽培。

生长习性：耐干旱，喜肥沃的酸性土壤，不耐盐碱；较耐寒，在长江流域可露地越冬，能耐短暂低温；喜阳光，能耐阴，宜于阴湿的环境中生长。

繁殖方法：以扦插繁殖为主。

园林用途：叶形奇特，碧绿光亮，四季常青，入秋后红果满枝，经冬不凋，艳丽可爱，是优良的观叶、观果树种，在欧美国家常用于圣诞节的装饰，故也称"圣诞树"。

槭树科

槭树属

五角枫 *Acer mono* Maxim.

别名： 色木槭、秀丽槭。

识别要点： 落叶乔木。叶纸质，基部截形或近于心脏形。花多数，雄花与两性花同株，顶生圆锥状伞房花序，花的开放与叶的生长同时；花瓣 5 枚，淡白色，椭圆形或椭圆倒卵形。翅果嫩时紫绿色，成熟时淡黄色；小坚果压扁状。花期 5 月，果期 9 月。

地理分布： 分布很广，产于东北、华北和长江流域各省。

生长习性： 稍耐阴，深根性；喜湿润、肥沃土壤，在酸性、中性、石灰岩中均可生长；萌蘖性强。

繁殖方法： 播种繁殖。

园林用途： 是优良的庭荫树、行道树、风景林树种。

元宝枫 *Acer truncatum* **Bunge**

别名：华北五角枫、五角枫、元宝槭。

识别要点：落叶小乔木，高 10–13 米，树皮纵裂。单叶对生，掌状 5 裂，裂片三角形，全缘，掌状脉 5 条出自基部。伞房花序顶生，萼片黄绿色，花瓣黄白色。翅果成熟时淡黄色或带褐色，两果翅开张成直角。花期 4 月，果期 8 月。

地理分布：我国东北南部、华北地区。

生长习性：弱阳性，耐半阴，耐寒，较抗风，不耐干热和强烈日晒。

繁殖方法：播种繁殖。

园林用途：绿荫浓密，叶形秀丽，秋叶红黄，是著名的秋色叶树种，可广泛用作行道树、庭荫树，也可配植于水边、草地和建筑附近。

七叶树科

七叶树属

七叶树 *Aesculus chinensis* Bunge

别名：梭罗树、天师栗、开心果。

识别要点：落叶乔木，树皮深褐色或灰褐色。小枝有淡黄色的皮孔，冬芽大形，有树脂。掌状复叶，由5–7小叶组成，小叶纸质，长圆披针形。花序圆筒形，花序总轴有微柔毛。花杂性，雄花与两性花同株，花萼管状钟形，花瓣4，白色，长圆倒卵形；雄蕊6，淡黄色。果实球形或倒卵形，黄褐色，无刺。花期5月，果期9–10月。

地理分布：中国黄河流域及东部各省均有栽培，仅秦岭有野生。

生长习性：喜光，稍耐阴；喜温暖气候，也能耐寒；喜深厚、肥沃、湿润且排水良好之土壤；深根性，萌芽力强；生长速度中等偏慢，寿命长。

繁殖方法：播种繁殖。

园林用途：七叶树树干耸直，冠大荫浓，初夏繁花满树，蔚然可观，是优良的行道树和园林观赏植物，可用作人行步道、公园、广场绿化树种，既可孤植，也可群植、列植。

葡萄科

爬山虎属

爬山虎 Parthenocissus tricuspidata

别名：爬墙虎、地锦、飞天蜈蚣、假葡萄藤、铁栏杆。

识别要点：多年生大型落叶木质藤本攀缘植物。表皮有皮孔，髓白色。枝条粗壮，老枝灰褐色，幼枝紫红色。枝上有卷须，卷须短，多分枝，卷须顶端及尖端有黏性吸盘，遇到物体便吸附在上面。聚伞花序，与叶对生，花小。叶绿色，秋季变为鲜红色。浆果球形，熟时蓝黑色。花期6月，果期10月。

地理分布：原产于亚洲东部、喜马拉雅山区及北美洲，后引入其他地区。

生长习性：适应性强，性喜阴湿环境，不怕强光，耐寒，耐旱，耐贫瘠，气候适应性广泛，耐修剪，怕积水，对有害气体有较强的抗性。

繁殖方法：播种、扦插、压条繁殖。

园林用途：爬山虎是垂直绿化的优选植物，可用于绿化房屋墙壁、公园山石，既可美化环境，又能降温、调节空气、减少噪声。

棕榈科

棕榈属

棕榈 *Trachycarpus fortunei* (Hook.) H. Wendl.

别名：唐棕、拼棕、棕树、山棕。

识别要点：常绿乔木。树干常有残存的老叶柄及其下部黑褐色叶鞘。叶形如扇，掌状分裂至中部以下。花黄白色。核果肾状球形，蓝黑色。花期 4–6 月，果期 10–11 月。

地理分布：原产亚洲，在我国分布在长江流域及其以南各地。

生长习性：喜光，亦耐阴；喜温暖、湿润，耐寒，喜排水良好、湿润、肥沃的中性、石灰性或微酸性黏质壤土，耐轻度盐碱，也能耐一定的干旱和水湿；抗烟尘和二氧化硫、氟化氢等有毒气体。

繁殖方法：播种繁殖。

园林用途：棕榈挺拔秀丽，一派南国风光，适应性强，可孤植、丛植、片植、列植，也是工厂绿化的优良树种。

菊科

天人菊属

天人菊 *Gaillardia pulchella* Foug.

别名： 虎皮菊。

识别要点： 一年生草本植物，高 20–60 厘米。下部叶匙形或倒披针形，边缘波状钝齿、浅裂至琴状分裂，先端急尖，近无柄；上部叶长椭圆形，倒披针形或匙形，全缘或上部有疏锯齿或中部以上 3 浅裂，叶两面被伏毛。头状花序径 5 厘米，舌状花黄色，基部带紫色，舌片宽楔形，顶端 2–3 裂；管状花裂片三角形，顶端渐尖成芒状，被节毛。花果期 6–8 月。

地理分布： 原产热带美洲，现中国各地均有栽培。

生长习性： 喜光，耐干旱，耐炎热，也可耐半阴，喜高温，但不耐寒；沙质土壤即可栽培，要求排水良好的环境。

繁殖方法： 播种、扦插繁殖。

园林用途： 花姿优美，颜色艳丽，花期长，宜做花坛和花丛。

金光菊属

黑心菊 *Rudbeckia hirta* L.

别名： 毛叶金光菊、黑眼菊、黑心金光菊。

识别要点： 多年生宿根草本花卉，常作一、二年生草花栽培。全株被有粗糙的刚毛，在近基部处分枝。叶互生，茎下部叶匙形，茎上部叶长椭圆形或披针形，均全缘，无柄。头状花序单生，花径 10–15 厘米；舌状花黄色、紫褐色或具两色条纹，有时有棕色环带；管状花褐色至紫色，聚集呈圆球形突起。花期 5–9 月。

地理分布： 原产北美洲，现世界各地均有野生花卉分布。

生长习性： 露地适应性很强，较耐寒，很耐旱，不择土壤，极易栽培，喜向阳、通风的环境，应在排水良好的沙壤土及向阳处栽植。

繁殖方法： 可用播种、扦插和分株法繁殖。

园林用途： 花朵繁盛，适合庭院布置，宜作为花境材料，或布置草地边缘成自然式栽植。

秋英属

波斯菊 Cosmos bipinnata Cav.

别名：秋英、秋樱、大波斯菊、扫帚梅。

识别要点：一年生或多年生草本，高 1-2 米。茎无毛或稍被柔毛。叶二次羽状深裂，裂片线形或丝状线形。头状花序单生，径 3-6 厘米；花序梗长 6-18 厘米。总苞片外层披针形或线状披针形，近革质，内层椭圆状卵形，膜质。舌状花紫红色、粉红色或白色；舌片椭圆状倒卵形，有 3-5 钝齿；管状花黄色，管部短，上部圆柱形，有披针状裂片；花柱具短突尖的附器。瘦果黑紫色。花期 6-8 月，果期 9-10 月。

地理分布：原产墨西哥，现世界各地都有栽培。

生长习性：不耐寒，忌酷热；性强健，耐瘠薄，土壤过肥时枝叶徒长、开花不良。

繁殖方法：播种、扦插繁殖。

园林用途：波斯菊耐贫瘠，株型高大，花色较多，可用于公园、花园、草地边缘、道路旁、小区旁的绿化栽植，也可用于布置花境。

向日葵属

菊芋 *Helianthus tuberosus* L.

别名：洋姜、鬼子姜。

识别要点：多年生草本植物，高 1–3 米，有块状的地下茎及纤维状根。茎直立，有分枝，被白色短糙毛或刚毛。叶通常对生，有叶柄，但上部叶互生；头状花序较大，少数或多数，单生于枝端，有 1–2 个线状披针形的苞叶，直立，舌状花通常 12–20 个，舌片黄色，开展，长椭圆形；管状花两性，花冠黄色、棕色或紫色，长 6 毫米。瘦果小，楔形，上端有 2–4 个有毛的锥状扁芒。花期 8–10 月。

地理分布：原产北美洲，17 世纪传入欧洲，后传入中国，在我国各地广泛栽培。

生长习性：耐寒抗旱，块茎在 –30℃的冻土层中可安全越冬；耐瘠薄，对土壤要求不严，但在酸性土壤、沼泽和盐碱地不宜种植。

繁殖方法：块茎播种。

园林用途：作为花坛、花境材料，可栽在路旁、篱旁、林缘草地或岩石园。

万寿菊属

孔雀草 *Tagetes patula* L.

别名：法国万寿菊、黄菊花、五瓣莲、老来红、臭菊花、孔雀菊、小万寿菊、红黄草、缎子花。

识别要点：一年生草本植物。茎直立，通常近基部分枝，分枝斜展。叶羽状分裂，裂片线状披针形，边缘有锯齿，齿端常有长细芒，齿的基部通常有1个腺体。头状花序单生，舌状花金黄色或橙色，带有红色斑，舌片长圆形，顶端微凹；管状花花冠黄色，与冠毛等长，具5齿裂。瘦果线形，基部缩小，黑色，被短柔毛，冠毛鳞片状，其中1–2个长芒状，2–3个短而钝。花期7–9月。

地理分布：我国四川、贵州、云南等地。

生长习性：孔雀草适应性十分强，能耐旱、耐寒，经得起早霜的考验，可自生自长，容易管理。

繁殖方法：播种繁殖。

园林用途：宜作为花坛边缘材料或花丛、花境等栽植，也可盆栽和做切花。

蒲公英属

蒲公英 *Taraxacum mongolicum* **Hand.-Mazz.**

别名： 华花郎、蒲公草、尿床草、西洋蒲公英、婆婆丁。

识别要点： 多年生草本植物。叶倒卵状披针形、倒披针形或长圆状披针形，先端钝或急尖，叶边缘有时具波状齿或羽状深裂，基部渐狭成叶柄。头状花序，总苞钟状，淡绿色，总苞片 2–3 层，外层总苞片卵状披针形或披针形，内层总苞片线状披针形；舌状花黄色，舌片长约 8 毫米，宽约 1.5 毫米，边缘花舌片背面具紫红色条纹，花药和柱头暗绿色。瘦果暗褐色，长冠毛白色。花期 4–9 月，果期 5–10 月。

地理分布： 我国江苏、湖北、河南、安徽、浙江、黑龙江、吉林、辽宁、内蒙古等地区。

生长习性： 蒲公英适应性广，抗逆性强，抗旱又耐热；广泛生于中、低海拔地区的山坡草地、路边、田野、河滩。

繁殖方法： 播种繁殖。

园林用途： 可片植，黄色小花和白色绒球观赏性较好；药用价值较高。

酢浆草科

酢浆草属

酢浆草 *Oxalis corniculata* L.

别名： 酸浆草、酸酸草、斑鸠酸、三叶酸、酸咪咪、钩钩草。

识别要点： 多年生草本植物。茎直立或匍匐，匍匐茎节上生根。叶互生，托叶长圆形或卵形；小叶 3 枚，无柄，倒心脏形。花单生或数朵集为伞形花序状，腋生，总花梗淡红色，与叶近等长；花瓣 5 枚，黄色。蒴果近圆柱形。种子长卵形，褐色或红棕色。花期 5–7 月，果期 8–9 月。

地理分布： 广泛分布于中国各地。

生长习性： 喜向阳、温暖、湿润的环境，抗旱能力较强，不耐寒；对土壤适应性较强，一般园土均可生长，但以腐殖质丰富的砂质壤土生长旺盛；夏季有短期的休眠，在阳光极其灿烂时开放。

繁殖方法： 以播种繁殖为主，也可分株繁殖。

园林用途： 可植于庭园、路旁、安全岛、荒地，以及花盆、花圃中，经常成群繁生，观赏效果极佳。

红花酢浆草 *Oxalis corymbosa* DC.

别名：大酸味草、南天七、夜合梅、大叶酢浆草、紫花酢浆草。

识别要点：多年生直立草本植物。无地上茎，地下球状鳞茎，鳞片膜质，褐色。叶基生，叶柄长 5-30 厘米或更长，被毛；小叶 3 枚，扁圆状倒心脏形。总花梗基生，二歧聚伞花序，通常排列成伞形花序式；花瓣 5 枚，倒心脏形，淡紫色至紫红色；雄蕊 10 枚，长的 5 枚超出花柱，另 5 枚长至子房中部，花丝被长柔毛；子房 5 室，花柱 5，被锈色长柔毛，柱头浅 2 裂。花期 4-11 月，果期 6-11 月。

地理分布：原产南美热带地区，现中国长江以北各地作为观赏植物引入。

生长习性：喜光植物，在露地全光下和树荫下均能生长；适生于湿润的环境，干旱缺水时生长不良，可耐短期积水；抗寒力较强。

繁殖方法：分株繁殖或播种繁殖。

园林用途：是替代草坪植物的好材料，可布置成花坛、花境、花丛、花群及花台等，株丛稳定，株形优美，线条清晰，素雅高贵，景观效果丰富。

牻牛儿苗科

天竺葵属

天竺葵 *Pelargonium hortorum* Bailey

别名：洋绣球、石蜡红、洋葵。

识别要点：多年生草本植物。茎直立，基部木质化，上部肉质，多分枝或不分枝，具明显的节，密被短柔毛，具浓烈鱼腥味。叶互生，托叶宽三角形或卵形；叶片圆形或肾形，边缘波状浅裂，具圆形齿，表面叶缘以内有暗红马蹄形环纹。伞形花序腋生，具多花，总花梗长于叶，花瓣红色、橙红、粉红或白色。蒴果长约 3 厘米，被柔毛。花期 5–7 月，果期 6–9 月。

地理分布：天竺葵原产非洲南部，现世界各地普遍栽培。

生长习性：性喜冬暖夏凉，喜燥，恶湿，冬季浇水不宜过多。

繁殖方法：以播种、扦插繁殖为主。

园林用途：适合用作盆栽及布置花台、花坛、花境，也可成片种植或与不同草花混种丰富地被色彩。

鸢尾科

鸢尾属

鸢尾 *Iris tectorum* Maxim.

别名： 蓝蝴蝶、紫蝴蝶、扁竹花。

识别要点： 多年生草本植物。根状茎粗壮。叶基生，顶端渐尖或短渐尖，基部鞘状，有数条不明显的纵脉。花茎光滑，苞片 2–3 枚，绿色，草质，内包含有 1–2 朵花。花蓝紫色，花被管上细长，端膨大成喇叭形，外花被裂片圆形或宽卵形；内花被裂片椭圆形，花盛开时向外平展，爪部突然变细；花药鲜黄色，花丝细长，白色；花柱分枝扁平，淡蓝色，顶端裂片近四方形，有疏齿。蒴果长椭圆形或倒卵形，种子黑褐色。花期 4–5 月，果期 6–8 月。

地理分布： 原产于中国中部及日本地区，现主要分布在中国中南部地区。

生长习性： 要求适度湿润、排水良好、富含腐殖质、略带碱性的黏性土壤；喜阳光充足、气候凉爽，耐寒力强，亦耐半阴环境。

繁殖方法： 多采用分株、播种繁殖。

园林用途： 鸢尾叶片碧绿青翠，花形大而奇，宛若翩翩彩蝶，用作优美的盆花、切花和花坛用花，也常用作地被。

马蔺 *Iris lactea* Pall. var. *chinensis* (Fisch.) Koidz.

别名： 马莲、马兰、荔草、马韭。

识别要点： 多年生草本宿根植物。根茎粗壮，须根稠密发达。叶基生，坚韧，灰绿色，条形或狭剑形，顶端渐尖，基部鞘状，带红紫色，无明显的中脉。花为浅蓝色、蓝色或蓝紫色；花茎光滑，苞片 3-5 枚，草质，绿色，内包含有 2-4 朵花；花被上有较深色的条纹。蒴果长椭圆状柱形，有 6 条明显的肋，顶端有短喙；种子为不规则的多面体，棕褐色，略有光泽。花期 5-6 月，果期 6-9 月。

地理分布： 原产自中国吉林、内蒙古、青海、新疆、西藏地区，现分布广泛。

生长习性： 喜阳光，稍耐阴，华北地区冬季地上茎叶枯萎；耐高温、干旱、水涝、盐碱，是一种适应性极强的地被花卉。

繁殖方法： 播种、分株繁殖。

园林用途： 马蔺自然更新繁殖力强，抗逆性强，适应性强，观赏价值高，是城镇园林绿化、荒漠化治理、道路护坡、水土保持的理想地被植物。

罂粟科

罂粟属

虞美人 *Papaver rhoeas* L.

别名：丽春花、赛牡丹、满园春、仙女蒿、虞美人草、舞草。

识别要点：一二年生草本植物，全株被伸展性糙毛，稀无毛。茎直立，具分枝。叶互生，叶片轮廓披针形或狭卵形，羽状分裂，裂片披针形。花单生于茎和分枝顶端，花蕾长圆状倒卵形，下垂；萼片2，宽椭圆形，绿色；花瓣4，圆形、横向宽椭圆形或宽倒卵形，紫红色，基部通常具深紫色斑点；雄蕊多数，花丝丝状，深紫红色，花药长圆形，黄色；子房倒卵形，无毛，柱头5–18。蒴果宽倒卵形。种子，肾状长圆形，花果期3–8月。

地理分布：原产于欧洲，中国各地常见栽培。

生长习性：夜间低温有利于虞美人生长、开花。耐寒，怕暑热，喜阳光充足的环境，喜排水良好、肥沃的砂壤土；不耐移栽，忌连作与积水。

繁殖方法：播种繁殖。春、秋季均可播种，且能自播。

园林用途：适宜用于花坛、花境栽植，也可盆栽或做切花用，在公园中成片栽植，景色宜人。

禾本科

羊茅属

高羊茅 *Festuca elata* Keng ex E. Alexeev

别名：羊茅。

识别要点：多年生草本植物。秆成疏丛或单生，直立，叶鞘光滑，具纵条纹；叶片线状披针形，先端长渐尖，下面光滑无毛，上面及边缘粗糙。圆锥花序疏松开展，自近基部处分出小枝或小穗；侧生小穗柄长 1–2 毫米；小穗长7–10 毫米，含 2–3 花；颖片背部光滑无毛，顶端渐尖，边缘膜质。颖果长约 4毫米，顶端有毛茸。花果期 4–8 月。

地理分布：中国广西、四川、贵州地区。

生长习性：性喜寒冷、潮湿、温暖的气候，喜光，耐半阴，不耐高温；耐酸，耐瘠薄，在肥沃、潮湿、富含有机质的土壤中生长良好；抗逆性强，抗病性强。

繁殖方法：以种子繁殖为主。

园林用途：高羊茅适应性强，抗逆性突出，耐践踏和抗病力强，且夏季不休眠，是适宜广泛推广和使用的草种。

狗牙根属

狗牙根 *Cynodon dactylon* (L.) Pers.

别名：百慕达绊根草、爬根草、感沙草、铁线草。

识别要点：低矮草本植物，具根茎。秆细而坚韧，下部匍匐地面蔓延甚长，节上常生不定根。叶鞘微具脊，无毛或有疏柔毛，鞘口常具柔毛。叶舌仅为一轮纤毛；叶片线形，通常两面无毛。穗状花序，小穗灰绿色或带紫色；花药淡紫色；子房无毛，柱头紫红色。颖果长圆柱形。花果期5-10月。

地理分布：广布于中国黄河以南各省；全世界温暖地区均有分布。

生长习性：极耐热和抗旱，但不抗寒也不耐阴。

繁殖方法：播种、根茎繁殖。

园林用途：耐践踏，恢复能力强，常用于绿地、公园、风景区、运动场和高尔夫球场发球区的草坪建植，也可用作保土草坪。

马唐属

马唐 *Digitaria sanguinalis* (L.) Scop.

别名：谷莠子。

识别要点：一年生草本植物。秆直立或下部倾斜，膝曲上升，无毛或节生柔毛。叶鞘短于节间，无毛或散生疣基柔毛；叶片线状披针形，基部圆形，边缘较厚，微粗糙。总状花序长 5–18 厘米，穗轴直伸或开展，两侧具宽翼，边缘粗糙；小穗椭圆状披针形，脉间及边缘大多具柔毛；花药长约 1 毫米。花果期 6–9 月

地理分布：产于西藏、四川、新疆、陕西、甘肃、山西、河北、河南及安徽等地；广布于两半球的温带和亚热带地区。

生长习性：喜湿，好肥，嗜光照；对土壤要求不严格，在弱酸、弱碱性的土壤中均能良好生长；种子传播快，繁殖力强，植株生长快。

繁殖方法：播种繁殖。

园林用途：马唐匍匐茎密集、根系强大，有很强的固土作用，可做园林地被，也是一种优良牧草。

芦苇属

芦苇 *Phragmites communis* L. Trin.

别名：芦、苇、葭、兼。

识别要点：多年生高大草本植物，根状茎十分发达。秆直立，高 1–3 米，直径 1–4 厘米，具 20 多节，基部和上部的节间较短，最长节间位于下部第 4–6 节；叶舌边缘密生一圈长约 1 毫米的短纤毛，易脱落；叶片长披针形或长线形，无毛，顶端长渐尖成丝形。圆锥花序顶生，分枝多数；小穗无毛；内稃两脊粗糙；花药黄色；颖果长约 1.5 毫米。花期 8–9 月，果期 10 月。

地理分布：芦苇为全球广泛分布的多型种。

生长习性：生于江河湖泽、池塘沟渠沿岸和低湿地。除森林生境不生长外，在有水源的空旷地带，常迅速扩展繁殖，形成连片的芦苇群落。

繁殖方法：用根状茎和播种繁殖。

园林用途：芦苇多种在水边，在开花季节特别漂亮。芦苇的新品种有耐寒、抗旱、抗高温、抗倒伏的特点，具有短期成型、快速成景的优点。

刚竹属

刚竹 *Phyllostachys* sulphurea car. Viridis

别名：榉竹、胖竹、柄竹、台竹、光竹。

识别要点：乔木或灌木状竹类植物。竿高 10–15 米，直径 4–10 厘米，幼时无毛，微被白粉，绿色，成长的竿呈绿色或黄绿色；全秆各节箨环均突起，新竹无毛，微被白粉；老竹仅节下有白粉环。中部节间长 20–45 厘米。末级小枝有 2–5 叶，叶鞘几无毛或仅上部有细柔毛，叶耳及鞘口缝缝毛均发达，叶片长圆状披针形或披针形。笋期 5–7 月。

地理分布：原产中国，自黄河至长江流域及福建地区均有分布。

生长习性：抗性强，适应酸性土至中性土，忌排水不良，能耐 –18℃的低温。

繁殖方法：移植母株或播种繁殖培育实生苗，也可截根直接繁殖。

园林用途：叶色翠绿，可片植，也可丛植。

早熟禾属

早熟禾 *Poa annua* L.

别名：稍草、小青草、小鸡草、冷草、绒球草。

识别要点：一年生或冬性禾草植物。秆直立或倾斜，质软，平滑无毛。叶鞘稍压扁，叶片扁平或对折，质地柔软，顶端急尖呈船形。圆锥花序宽卵形，小穗卵形，含小花，绿色；颖质薄，外稃卵圆形，顶端与边缘宽膜质，花药黄色，颖果纺锤形，花期 4–5 月，果期 6–7 月。

地理分布：中国南北各省；欧洲、亚洲及北美地区均有分布。

生长习性：在严寒冬季，无覆盖可以越冬，耐寒性较强，也能耐夏季干燥炎热。

繁殖方法：播种繁殖。

园林用途：作为草坪栽培，早熟禾生长速度快，竞争力强，一旦成坪，杂草很难侵入；再生力强，抗修剪，耐践踏，草姿优美，具有良好的均匀性、密度和平滑度，适用于建造各类草坪。

紫茉莉科

紫茉莉属

紫茉莉 *Mirabilis jalapa* L.

别名：草茉莉、胭脂花、夜晚花、地雷花、官粉花、潮来花、洗澡花。

识别要点：一年生草本植物，高 20–100 厘米，茎上具有明显膨大的节部。单叶对生，卵形。花数朵集生枝端；花萼花瓣状，漏斗形，边缘波状 5 浅裂；花具有红、粉、黄、白及具斑点的复色。果似地雷。花期 6–10 月，果期 8–11 月。

地理分布：原产南美洲热带地区，现世界温带至热带地区广泛引种和归化，中国南北各地常有栽培。

生长习性：性喜温和且湿润的气候条件，不耐寒；喜土层深厚、肥沃的壤土。

繁殖方法：块根或播种繁殖，可自播繁殖。

园林用途：常见观赏花卉，宜于林缘大片自然栽植，或房前屋后、篱旁路边丛植点缀，尤其宜于傍晚休息夜间纳凉之地布置。

龙舌兰科

丝兰属

凤尾兰 *Yucca gloriosa* L.

别称：菠萝花、厚叶丝兰、凤尾丝兰。

识别要点：常绿灌木。叶浓绿，表面有蜡质层，坚硬似剑；地栽植株叶密集，丛生螺旋状排列于短茎上，呈放射状展开。总状花序很短，沿茎上的各个节上对叶而生；花白色，伸展；夏秋从叶基部抽出粗壮的花茎，圆锥花序，从下至上逐渐开放，乳白色，杯状，下垂。花期5–11月，二次开花。

地理分布：温暖地区广泛露地栽培。我国黄河中下游及其以南地区可露地栽植。

生长习性：喜温暖、湿润和阳光充足环境，性强健，耐瘠薄，耐寒，耐阴，耐旱也较耐湿，对土壤要求不严，抗污染，萌芽力强，适应性强。

繁殖方法：扦插、播种繁殖。

园林用途：可种植于花坛中心、岩石或台坡旁，以及新式建筑物附近，也可利用其叶端尖刺做围篱，或种于围墙、棚栏之下。凤尾兰对有害气体抗性强，可在工矿区做美化绿化材料。

美人蕉科

美人蕉属

美人蕉 *Canna indica* L.

别名：红艳蕉、小花美人蕉、小芭蕉。

识别要点：多年生草本植物.高可达 1.5 米，全株绿色，无毛，被蜡质白粉。具块状根茎。地上枝丛生。单叶互生；具鞘状的叶柄；叶片卵状长圆形。总状花序，花红色；苞片卵形，绿色；萼片 3 枚，披针形，绿色而有时染红；蒴果绿色，长卵形，有软刺。花期 3–12 月。

地理分布：原产美洲、印度、马来半岛等热带地区，现中国各地均可栽培，但不耐寒，霜冻后花朵及叶片凋零。

生长习性：不耐寒，怕强风和霜冻；对土壤要求不严，能耐瘠薄，在肥沃、湿润、排水良好的土壤中生长良好。

繁殖方法：以播种繁殖为主，也可块茎繁殖。

园林用途：美人蕉花大色艳、株形好，现在培育出许多优良品种，观赏价值很高，可丛植、片植等。

旋花科

打碗花属

打碗花 *Calystegia hederacea* Wall.ex.Roxb.

别名：燕覆子、兔耳草、富苗秧、兔儿苗、扶七秧子、小旋花。

识别要点：一年生草本植物。全体不被毛，植株通常矮小，常自基部分枝，具细长白色的根；茎细，有细棱；叶片基部心形；花腋生，花梗长于叶柄，苞片宽卵形；蒴果卵球形，种子黑褐色，表面有小疣。花期7-9月，果期8-10月。

地理分布：东非的埃塞俄比亚，亚洲南部、东部至马来西亚，中国各地均有分布。

生长习性：喜冷凉、湿润的环境，耐热，耐寒，耐瘠薄，适应性强；对土壤要求不严，以排水良好、向阳、湿润且肥沃、疏松的沙质壤土栽培最好。

繁殖方法：播种繁殖，也可以根状茎繁殖。

园林用途：可做垂直绿化。

旋花属

田旋花 *Convolvulus arvensis* L.

别名：小旋花、中国旋花、箭叶旋花、野牵牛、拉拉菀。

识别要点：多年生草本植物，根状茎横走，茎平卧或缠绕，有棱。叶片戟形或箭形，全缘或 3 裂。花腋生，萼片倒卵状圆形；花冠漏斗形，粉红色、白色；雄蕊的花丝基部肿大，有小鳞毛；柱头 2，狭长。蒴果球形或圆锥状，无毛。种子椭圆形。花期 5–8 月，果期 7–9 月。

地理分布：中国山东、江苏、河南、四川、西藏等地。

生长习性：耐热，耐寒，耐瘠薄，适应性强，对土壤要求不严，常野生于耕地及荒坡草地、村边路旁。

繁殖方法：可通过根茎和种子繁殖。

园林用途：可用于垂直绿化。

牵牛属

圆叶牵牛 *Pharbitis purpurea* (L.) Voisgt

别名：圆叶旋花、小花牵牛、喇叭花。

识别要点：一年生缠绕草本植物。叶片圆心形，顶端锐尖；花腋生，着生于花序梗顶端成伞形聚伞花序，花序梗比叶柄短或近等长，花冠漏斗状，紫红色、红色或白色，花冠管通常白色，花丝基部被柔毛。蒴果近球形，种子卵状三棱形，黑褐色或米黄色。花期 7-9 月，果期 9-11 月。

地理分布：原产热带美洲，现分布于中国大部分地区。

生长习性：性喜温暖、湿润、阳光充足的环境；对土壤无严格要求，在微酸性至微碱性土壤中都可生长。

繁殖方法：以播种繁殖为主。

园林用途：园林中多作为垂直绿化的良好材料。

商陆科

商陆属

垂序商陆 *Phytolacca americana* L.

别名：商陆、美国商陆、十蕊商陆、美洲商陆。

识别要点：多年生草本植物。根粗壮，肥大。叶片椭圆状卵形或卵状披针形，顶端急尖，基部楔形；茎干呈紫红色；总状花序顶生或侧生，花白色，微带红晕，心皮合生。果序下垂；浆果扁球形，种子肾圆形。花期6-8月，果期8-10月。

地理分布：原分布北美，中国引入栽培，现遍及中国河北、陕西、山东、江苏、浙江、江西、福建、河南、湖北、广东、四川、云南等地。

生长习性：对环境要求不严，生长迅速，在营养条件较好时，植株高达2米，易形成单优群落。

繁殖方法：以播种和分株繁殖为主。

园林用途：作为景观植物，可孤植和丛植等。

毛茛科

毛茛属

毛茛 *Ranunculus japonicus* **Thunb.**

别名：鱼疔草、鸭脚板、野芹菜、山辣椒、毛芹菜。

识别要点：多年生草本植物。茎直立，叶片圆心形或五角形，基部心形或截形，中裂片倒卵状楔形或宽卵圆形或菱形。聚伞花序有多数花，疏散；花贴生柔毛；花瓣5，黄色，倒卵形，花托短小，无毛。聚合果近球形，瘦果扁平，花期4–9月，果期6–10月。

地理分布：在中国除西藏外，各省区广布。

生长习性：喜温暖湿润气候，日温在25℃生长最好。生长期间需要适当的光照，忌土壤干旱，不宜在重黏性土中栽培。

繁殖方法：播种繁殖。

园林用途：常用作地被片植。

十字花科

诸葛菜属

二月兰 *Orychophragmus violaceus* (L.) O. E. Schulz

别名： 二月蓝、诸葛菜。

识别要点： 一二年生草本植物。茎直立且仅有单一茎；基生叶和下部茎生叶羽状深裂，叶基心形，叶缘有钝齿；总状花序顶生，花瓣中有幼细的脉纹，淡蓝紫色，随着花期的延续，花色逐渐转淡，最终变为白色。长角果线形，种子卵形至长圆形，黑棕色。花期 3–5 月，果期 5–6 月。

地理分布： 原产于中国东部地区，现常见于东北、华北等地区。

生长习性： 对土壤、光照等条件要求较低，耐寒，耐旱，生命力顽强。喜欢阴暗、潮湿的生长环境，对水分、光照要求不高，适宜生长在略成碱性的土壤中。

繁殖方法： 种子繁殖。

园林用途： 适用于大面积地面覆盖，或背景植物，为良好的园林阴处或林下地被植物，可用作花境栽培，也可植于坡地、道路两侧等。

百合科

沿阶草属

沿阶草 *Ophiopogon bodinieri* Levl.

别名：秀墩草。

识别要点：多年生常绿宿根草本植物。叶基生成丛，禾叶状，先端渐尖，边缘具细锯齿。总状花序，顶生，具几朵至十几朵花；花常单生或 2 朵簇生；花被片卵状披针形、披针形或近矩圆形，白色或稍带紫色；花药狭披针形，常呈绿黄色。种子近球形或椭圆形。花期 5–8 月，果期 8–9 月。

地理分布：中国的华东地区。

生长习性：耐阴，耐寒，耐旱，耐热性强。

繁殖方法：种播或分株繁殖。

园林用途：沿阶草长势强健，耐阴性强，植株低矮，根系发达，覆盖效果较快，是一种良好的地被植物。

萱草属

萱草 *Hemerocallis fulva* (L.) L.

别名：黄花菜、金针菜、鹿葱、川草花、忘郁、丹棘。

识别要点：多年生宿根草本植物。叶基生成丛，条状披针形。夏季开橘黄色大花，花葶长于叶；螺旋状聚伞花序顶生；花被基部粗短漏斗状，花被6片，向外反卷，外轮3片，内轮3片；雄蕊6，花丝长；子房上位，花柱细长。花期6-8月，果期8-9月。

地理分布：分布比较广泛，从欧洲南部到亚洲北部至日本都有栽培。

生长习性：性强健，耐寒，在华北地区可露地越冬，适应性强，喜湿润也耐旱，喜阳光又耐半阴，对土壤选择性不强。

繁殖方法：以分株繁殖为主，育种时用播种繁殖。

园林用途：花色鲜艳，栽培容易，且春季萌发早，绿叶成丛极为美观。园林中多丛植或于花境、路旁栽植。耐半阴，又可作为疏林地被植物。

玉簪属

玉簪 *Hosta plantaginea* (Lam.) Aschers

别名： 玉春棒、白鹤花、玉泡花、白玉簪。

识别要点： 多年生宿根草本植物。叶基生，成簇，卵形至心状卵形，先端近渐尖。花葶高45-75厘米，具几朵至十几朵花；花外苞片卵形，花单生或2-3朵簇生，白色，芳香；雄蕊与花被近等长，基部贴生花被管上。蒴果圆柱状，有三棱。花期8-9月，果期9-10月。

地理分布： 原产中国及日本。观欧美各国也多有栽培。

生长习性： 典型的阴性植物，喜阴湿环境，喜肥沃、湿润的砂壤土，性极耐寒，在中国大部分地区均能在露地越冬，忌强烈日光曝晒。

繁殖方法： 分株或播种繁殖。

园林用途： 玉簪叶娇莹，花苞似簪，色白如玉，清香宜人，是中国古典庭院中的重要花卉之一。在现代庭院中多配植于林下草地、岩石园或建筑物背面，也可三两成丛点缀于花境中。

蓼科

蓼属

红蓼 *Polygonum orientale* Linn.

别名：狗尾巴花。

识别要点：一年生草本。茎直立，粗壮，上部多分枝，密被开展的长柔毛。叶阔卵形或卵状披针形，顶端渐尖，基部圆形或近心形，叶脉上密生长柔毛。总状花序呈穗状，顶生或腋生；花被5。瘦果近圆形，双凹，黑褐色，有光泽，包于宿存花被内。花期6-9月，果期8-10月。

地理分布：除西藏外，分布于中国各地。

生长习性：喜温暖、湿热的环境，喜光照充足，宜植于肥沃、湿润之地。

繁殖方法：春季播种繁殖，可自播繁衍。

园林用途：是绿化、美化庭园的优良草本植物，可种植在庭院、墙根、水沟旁点缀人们不涉足的角落。

虎杖属

虎杖 *Polygonum cuspidatum Sieb. et Zucc.*

别名： 假川七、红三七、土川七。

识别要点： 多年生草本。茎直立，粗壮，空心，具明显的纵棱，散生红色或紫红斑点。叶宽卵状椭圆形或卵形，近革质，顶端渐尖，基部圆形或阔形。花单性，雌雄异株，花序圆锥状。瘦果卵形，黑褐色，有光泽。花期 6-7 月，果期 9-10 月。

地理分布： 产于中国陕西南部、甘肃南部、华东、华中、华南、四川、云南及贵州地区，朝鲜、日本也有。

生长习性： 喜温暖、湿润性气候，对土壤要求不十分严格，在低洼易涝地不能正常生长；根系很发达，耐旱力、耐寒力较强。

繁殖方法： 可播种繁殖，生产中多用带有根芽的根茎来繁殖。

园林用途： 园林上常有孤植或片植。

萝藦科

萝藦属

萝藦 *Metaplexis japonica* **(Thunb.) Makino**

别名：芄兰、白环藤、婆婆针落线包、蔓藤草、牛角蔓。

识别要点：多年生草质缠绕藤本植物。单叶对生，卵状心形或长心形。总状花序；花淡紫色。果实表面有瘤状突起，长卵形；种子卵圆形，顶端有白色长绢毛。花期6–9月，果期9–12月。

地理分布：日本、朝鲜、俄罗斯和中国。

生长习性：喜微潮偏干的土壤环境，稍耐干旱；喜充足的日光直射，稍耐阴；喜温暖，耐低温。

繁殖方法：播种繁殖。

园林用途：多用作地栽布置庭院，是矮墙、花廊、篱栅等处的良好垂直绿化材料。

景天科

景天属

费菜 *Sedum aizoon* L.

别名：土三七、景天三七、四季还阳。

识别要点：多年生草本植物。叶互生，狭披针形，先端渐尖，边缘有不整齐的锯齿；叶坚实，近革质。聚伞花序有多花，水平分枝，下托以苞叶。花瓣5枚，黄色，长圆形至椭圆状披针形。花期4-5月，果期8-9月。

地理分布：中国各地广泛栽培。俄罗斯乌拉尔至蒙古、日本、朝鲜也有栽培。

生长习性：阳性植物，稍耐阴，耐寒，耐干旱、瘠薄，在山坡岩石上和荒地上均能旺盛生长。

繁殖方法：播种、分根、扦插繁殖，以分根繁殖为主。

园林用途：费菜株丛茂密，枝翠叶绿，花色金黄，适应性强，适宜用于城市中一些土地条件较差的裸露地面做绿化覆盖。

参考文献

[1] 白洁 . 望江芳华——四川大学校园植物图谱 [M]. 北京 : 高等教育出版社，2016.

[2] 车先礼 . 山东农业大学校园树木图鉴 [M]. 北京 : 中国林业出版社，2016.

[3] 陈俊愉 . 中国花卉品种分类学 [M]. 北京 : 中国林业出版社，2001.

[4] 陈有民 . 园林树木学 [M]. 第 2 版 . 北京 : 中国林业出版社，2011.

[5] 董保华，龙雅宜 . 园林绿化植物的选择与栽培 [M]. 北京 : 中国建筑工业出版社，2007.

[6] 官群智，彭重华 . 城市园林绿化植物选择及应用 [M]. 北京 : 中国林业出版社，2012.

[7] 何丽娜，刘玉玲，李卉，等 . 蝶形花科大型观赏藤本植物资源及园林应用 [J]. 广东林业科技，2013，29(1):70–74.

[8] 惠梓航，姜卫兵，魏家星，等 . "冬青" 类树种的园林特性及其应用 [J]. 江西农业学报，2011(2):50–53.

[9] 柯彦杰 . 药用植物在校园绿化中的应用探讨 [J]. 海峡药学，2019(2):102–104.

[10] 孔杨勇 . 禾本科观赏草的特性及其园林应用研究 [J]. 山东林业科技，2018(1):62–66.

[11] 李春妹，于润贤，周松岩，等 . 校园木本植物的调查及其教学应用——以中山大学为例 [J]. 教育教学论坛，2020(10):79–80.

[12] 李丽蓉 . 浅析华北地区高校园林植物设计 [J]. 现代物业 (中旬刊)，2018(5):239.

[13] 李莹莹，王娟，李秀伟，等 . 菏泽盆栽牡丹生产现状及发展建议 [J]. 落叶果树，2020(5):70–72.

[14] 林忠英 . 常德市校园观赏植物资源调查 [J]. 湖南文理学院学报 (自然科学版)，

2012(3):36–39，49.

[15] 刘静，高敬博.高校校园绿化中园林植物现状调查与分析——以西北农林科技大学北校园为例 [J]. 林业科技通讯，2018(7):48–53.

[16] 罗乐，张启翔.北京园林中百合科植物的应用调查 [C].// 中国园艺学会.2007年中国园艺学会观赏园艺专业委员会年会论文汇编，2007:549–553.

[17] 毛佛有.甘肃省卫矛科野生植物资源的评价及应用 [J]. 现代园艺，2020(8):119–120.

[18] 孟欣慧，万春凤，李莹莹.乡土植物在菏泽市美丽乡村建设中的应用调查研究[J].乡村科技，2020(05):68–69，71.

[19] 孟欣慧.高校运动场草坪建植与管理 [J]. 安徽农业科学，2007(19):5768–5769.

[20] 孟欣慧.牡丹在美化环境中的应用 [J]. 湖南科技学院学报，2006(1):269–270.

[21] 孟欣慧.丝绵木育苗技术及在园林中的应用 [J]. 林业实用技术，2007(2):35–36.

[22] 孟欣慧.药用植物专类园规划设计要点 [J]. 安徽农业科学，2007(21):6461，6550.

[23] 孟欣慧.牡丹文化及其园林应用 [J]. 安徽农业科学，2011(13):7878–7880，7883.

[24] 孟欣慧.谈攀缘植物在园林绿化中的应用 [J]. 中国西部科技，2005(4):35–36.

[25] 宋君柳，孟欣慧，李莹莹.菏泽市芍药产业现状及发展对策研究 [J]. 河南农业，2020(5):25–26.

[26] 宋利娜，李子敬，崔荣峰，等.锦葵科草本观赏资源简介及园林应用探讨 [J]. 北京园林，2017(1):43–46.

[27] 孙越信，孙向云，许东海，等.浅析金森女贞和金叶女贞的区别及在园林绿化中的应用 [J]. 上海农业科技，2009(3):104，106.

[28] 王娟，叶才林.紫薇在园林绿化中的应用及其苗木精品化探究 [J]. 菏泽学院学报，2020(2):55–59.

[29] 王娟.牡丹的综合利用研究进展 [J]. 生物学教学，2013(3):10–12.

[30] 王娟.淹水对牡丹生理特性的影响 [J]. 生态学杂志，2015(12):3341–3347.

[31] 王忆，许雪峰，孔瑾，等.苹果属植物的应用分型及其应用 [J]. 果树学报，

2007(4):502–505.

[32] 王云鹏 . 药用观赏植物金银花在园林绿化中的应用与展望 [J]. 建筑工程技术与设计，2016(12):2888.

[33] 王跃武，李云峰，陈慧霞 . 蔷薇科树种在城市园林绿化中的应用 [J]. 园林绿化，2015(7):51.

[34] 易劲扬 . 木兰科植物在园林绿化中的应用 [J]. 现代园艺，2015(23):137–139.

[35] 于绍燕 . 彩叶植物在园林景观设计中的应用 [J]. 花卉，2020(8):180–181.

[36] 张清梅，王志忠，宝秋利，等 . 大学校园野生草本植物的绿化结构有待优化——内蒙古农业大学职业技术学院调查研究 [J]. 中国园艺文摘，2011，27(12):62–65.

[37] 张珍珍 . 观赏植物在大学校园的配置与应用 [D]. 邯郸：河北工程大学，2019.

[38] 赵世伟 . 中国园林植物彩色应用图谱 [M]. 北京：中国城市出版社，2004.

[39] 赵淑珍，孙柱彪，李晓杰 . 几种菊科花卉的栽培管理及其在园林绿地中的应用 [J]. 河北旅游职业学院学报，2010(3):83–85.

[40] 朱雄斌 . 校园景观园林植物选择与造景研究 [J]. 乡村科技，2019(20):73–74.

[41] 朱彦，王坤，李屹楠 . 花卉植物造景在高校校园景观中的应用 [J]. 花卉，2020(12):84–85.

[42] 卓丽环 . 城市园林绿化植物应用指南 [M]. 北京：中国林业出版社，2003.